U0829107

"十三五"江苏省高等学校重点教材(编号: 2019-1-077)

大气环流概论

(第二版)

Introduction to Atmospheric Circulation

(Second Edition)

李丽平　秦育婧　智　海　施　宁　王盘兴　编著

科学出版社

北　京

内 容 简 介

本书概述了大气环流学的发展历史和研究方法。重点介绍了全球月(季)平均风、压、温场的基本观测事实及相互联系，它们随纬度、高度、季节的变化及北、南半球间的差异，初步分析了它们的物理成因。用动力诊断方法，从大气中的角动量平衡、热量与水分平衡、动能平衡与能量循环等方面讨论了大气环流维持机制。结合中国科学院大气物理研究所两个大气环流模式，初步介绍了大气环流研究的数值模拟方法，还概要介绍了大气环流研究中的转盘试验方法。另外，本书重视培养学生的分析能力，对常用的大气环流基本分析方法，包括环流分解、谐波分析和球函数分析、平均经圈环流的质量流函数计算等方法，给出了简要介绍并编写了实习题目。

本书适用于大气科学各专业及地学相关专业本科教学，也可供相关专业研究生、科研工作者及业务人员参考。

图书在版编目(CIP)数据

大气环流概论/李丽平等编著. —2版. —北京：科学出版社，2021.3

“十三五”江苏省高等学校重点教材

ISBN 978-7-03-068454-7

Ⅰ. ①大… Ⅱ. ①李… Ⅲ. ①大气环流–高等学校–教材 Ⅳ. ①P434

中国版本图书馆 CIP 数据核字(2021)第 051211 号

责任编辑：许 蕾 曾佳佳/责任校对：杨聪敏

责任印制：赵 博/封面设计：许 瑞

科学出版社 出版

北京东黄城根北街 16 号

邮政编码：100717

http://www.sciencep.com

北京凌奇印刷有限责任公司印刷

科学出版社发行 各地新华书店经销

*

2021 年 3 月第 一 版 开本：720×1000 1/16

2024 年 7 月第二次印刷 印张：10 1/4

字数：205 000

定价：59.00 元

(如有印装质量问题，我社负责调换)

第二版前言

借此再版机会，作者修订了第一版中存在的一些错误，对第 6 章数值模拟方面的最新进展进行了适量补充。为增强学生对理论知识的理解和应用，补充了气候场和定常波(不同再分析资料的计算结果比较)、瞬变波通量的计算和分析两个实习题目。为方便学生更好地把握各章节重点内容，作者对复习题目进行了进一步细化和补充。

本书在使用和修改过程中，广泛征求了老师、同行的意见，对他们的热情指正致以衷心感谢！衷心感谢沈新勇教授在本书修订过程中给予的热情帮助。

大气环流学是一门涉及面宽、发展迅速和相对艰深的学问，受作者学识限制，本书不足之处在所难免，恳请读者提出批评，以便进一步改进。

作 者

2021 年 3 月

第一版前言

大气环流学是大气科学中研究行星尺度大气运动基本状态、形成原因和维持机制的分支，本书概要介绍大气环流学基础知识和研究方法，故取名为“大气环流概论”。大气环流既是中短期天气变化的背景，又是区域气候异常的直接原因，故大气环流学是大气科学重要分支；又因为在组成气候系统的五个圈层(大气圈、水圈、冰雪圈、岩石圈、生物圈)的相互作用中，大气环流扮演了最活跃的角色，因而大气环流学是地学许多学科相关专业关注的焦点；所以，在大气科学和地学相关专业开设“大气环流概论”课程十分必要。

本书是南京信息工程大学(原南京气象学院)大气环流学课程的教学成果。自1981年上半年章基嘉先生为气象学系天气动力学专业1977级本科生开设“大气环流”课程以来，该课程作为我校本科教学独立课程设置的历史已延续30余年。此期间，该课程教学经历了较大变动，学时数由早期的64学时、56学时逐渐稳定为1987年后的34学时，授课范围则已从天气动力学专业拓展至气候学、大气物理学、海洋学等专业。章基嘉先生(1980，1991)、王盘兴教授(2005，2006)先后编写过该课程的讲义，许多教师参与了该课程的教学实践。

为适应当前本科教学的需要，在前人工作基础上，李丽平副教授按教学大纲要求，主持了本书的编写工作，秦育婧、智海、施宁博士参与了有关章节的写作，王盘兴教授为全书的选材和定稿做了大量工作。本书的编写以大气环流学经典著作为指导，兼顾该分支的最新发展，较大幅度更新了图表资料，充分考虑了教学需要。但大气环流学是一门涉及面宽、发展迅速和相对艰深的学问，受作者学识限制，本书不足与错误之处在所难免，恳请读者批评指正，以便改进。

雷兆崇教授对本书第6章提出了宝贵修改意见，倪冬鸿编审为全书文字、公式、图表编排做了大量工作，谨致谢。博士研究生孙晓娟、杨玮等完成了本书部分计算和图表的制作，在此一并致谢。

作 者

2013年2月

目　录

第1章　绪　　论

1.1　大气环流与大气环流学

1) 大气环流

大气环流一般是指大范围大气运行的现象。它的水平空间尺度在数千千米以上，垂直空间尺度在10km以上，时间尺度是1～2日以上。这种大尺度大气运行的基本状态不但影响天气的类型及其改变，也影响气候的形成；而它们的年际变化(即环流异常)与气候异常有直接关系。因此，大气环流的研究对大气科学许多分支具有重要的理论和应用价值。

2) 大气环流学

大气环流学是大气科学中研究大气环流的分支。但是，由于大气环流概念具有极其广泛的内涵，大气科学不同分支的专家对大气环流是什么存在不同认识。例如，气候学专家倾向于认为它是指大范围大气长时期的平均状态；天气学专家认为它是指全球范围或某些较大区域里大气的瞬时变化；短期气候预测专家认为它是指由永久性、半永久性大气活动中心，季风以及赤道辐合带，高空急流，行星尺度波动等系统构成的整体。这种认识分歧导致至今难以对大气环流学做出严格的界定。

我们从大气环流学发展历史及经典著作的主流出发，同时考虑本书作为大气科学本科生及相关专业研究生教材使用时的要求，将大气环流学理解为“研究行星尺度大气运动的基本状态、形成原因和维持机制”的大气科学分支。

1.2　大气环流学的发展简史

洛伦茨(Lorenz，1976)认为：假如一个理论在动力学推理上没有毛病，并且和提出这个理论的时代所具有的观测事实相符合，则应当认为它对当时的知识做了有价值的贡献。1976年，Lorenz在美国气象学会第56届年会上作的“关于大气环流主要思想的发展”的演讲(Lorenz，1984)，将之前的大气环流学发展归结为四个阶段：单圈环流阶段，三圈环流阶段，确立大型涡旋作用阶段，阐明大型涡旋成因阶段。下面简要列出四个阶段的观测基础和主要理论工作。

1)单圈环流阶段(1686～1836年)

观测基础：航海发现低纬三大洋上存在信风。

理论工作：

早在 1686 年，英国天文学家哈雷(Halley)就曾尝试对信风成因给出说明。Halley 注意到在分隔开的热带三大洋上，存在着相似的信风风系，它们可分解为向热赤道辐合的北风(北半球)、南风(南半球)分量和一致的东风分量。他认为太阳加热的经向差异是大气运动的原动力，低纬相对强的加热会引起空气的上升，而高纬则会有空气的下沉，根据质量连续性原理，会出现热带低空空气向赤道流动和高空空气向两极流动的现象，这定性给出了热带经向环流的动力成因。但他认为，信风的东风分量起因于空气随太阳的向西运动，这似乎犯了一个逻辑错误，就是他未能把一个物理量与它的时间导数完全区分开来。另外，他未讨论关于中纬度西风带的起因。因此，他的工作在动力学推理上存在缺陷，不能视为大气环流理论。

哈得来(Hadley, 1735)①给出了半球子午面上单圈环流和地面风带的分布(图 1.1，该图是 Lorenz 据 Hadley 论文绘制)。Hadley 对子午面上单圈环流(它包含热带信风带的 v 分量)成因的解释与哈雷相同，而对热带信风带东风分量(相对速度 $u<0$)成因的解释，使用了惯性系间相对运动概念。地球自转造成的地面牵连速度 u_Ω 指向东、正比于 $\cos\varphi$，故赤道处 u_Ω 大于副热带。按图 1.1，副热带近地面气块($u=0$)向赤道运动时，保持绝对速度 $u_a=u_\Omega+u$ 不变，必有信风带中的 $u<0$ (东风)。这样求得的信风东风速率过大(约高于观测结果一个量级)，Hadley 将实际信风东风速率较小归因于摩擦。

Hadley 给出的全球大气环流图案(图 1.1)，其热带区域地面、子午面部分和极区子午面部分均与观测相符，热带外地面及中纬子午面部分则与观测不符。Lorenz(1967)历史性地评价了 Hadley 对信风成因的解释，肯定了他对大气环流学发展做出的卓越贡献。今天我们知道，信风东风分量的估算应当根据角动量守恒而非动量守恒的原理进行。但 Hadley 论文发表的时间(1735)距牛顿(Newton)《自

①乔治·哈得来(1685～1768)，生于英国伦敦，律师、物理学家和气象学家。负责英国皇家学会气象观测 7 年，第一次深入研究了热带信风和洋流，解释了信风维持的机制。为纪念其对气象学的贡献，命名热带经圈环流为哈得来环流(Hadley cell)，英国气候预测与研究中心也以他的名字命名(Hadley Centre for Climate Prediction and Research)。

然哲学的数学原理》出版(1687)还不到50年，而较科里奥利力(简称科氏力)的提出(Coriolis，1835)整整早了100年。

图1.1　Hadley(1735)设想的大气环流图案(Lorenz,1967)

2)三圈环流阶段(1837～1887年)

观测基础：中纬地面风具有向极分量，而不是Hadley给出的向赤道分量。

理论工作：

汤姆孙(Thomson，1857，1892)给出了子午面上的两圈环流和地面上的两个风带(图1.2)。费雷尔(Ferrel，1859，1856)给出了子午面上三圈环流及地面纬向均匀的三个风带(图1.3、图1.4)。

他们的工作建立在一个新的物理概念上：当空气相对于自转的地球运动时，在科氏力的作用下，热带对流层上部东风带中的气块，在向极运动中将逐渐转为南风、西南风和西风(北半球)以及北风、西北风和西风(南半球)，并在两半球副热带辐合下沉；而在两半球极区对流层下部，科氏力作用在向赤道运动气块上，使其转为东风，运动终止于高纬，并在热力、动力作用下产生辐合上升。结果在两半球热带—副热带及极地—高纬形成两个经向尺度较小(与单圈环流比)的热力正环流。

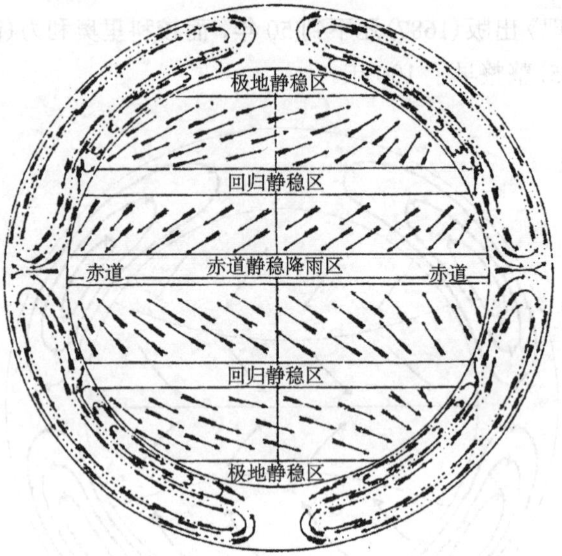

图 1.2　Thomson(1857，1892)的大气环流图案(Lorenz，1967)

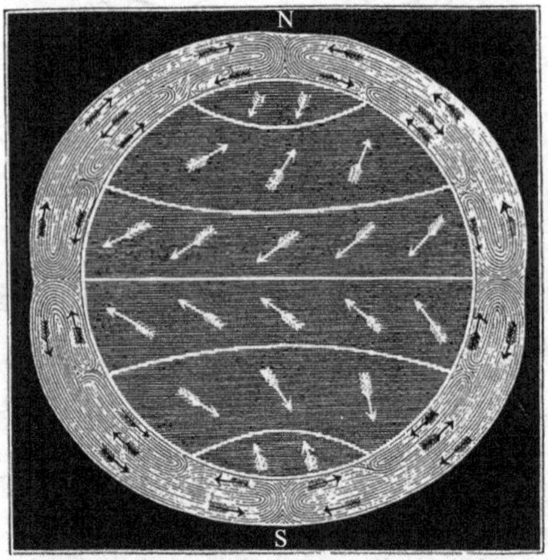

图 1.3　Ferrel(1859)在修正版中提出的大气环流图案(Lorenz，1967)

而在中纬度纬带，Thomson 和 Ferrel 注意到地面气层中摩擦力会使偏西风随着高度的减小而迅速减小，而向极的气压梯度却减小缓慢，故在近地面层中出现一个较大的非平衡力，它迫使空气向极地运动，这与中纬对流层下部 $v>0$ 的观测事实相符。据此，Thomson 和 Ferrel 的大气环流图案(图 1.2、图 1.3、图 1.4)上均给出了中纬子午面上的闭合环流圈；其中，Ferrel(1856)给出的图 1.4 为现代观测证实。图 1.4 上的中纬环流圈由动力强迫产生，它在高温处下沉，低温处上升，是热力反环流。19世纪末叶，国际气象组织完成了根据高云移动而导出的高空风研究，揭示出不存在从热带到中纬度的高层向极气流。

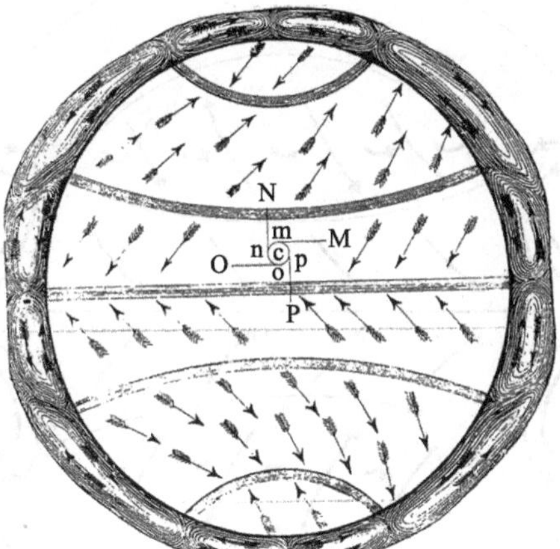

图1.4　Ferrel(1856)的大气环流图案(Lorenz，1967)

3)确立大型涡旋作用阶段(1888～1947年)

观测基础：间接和直接高空观测发现，中纬高空存在大型涡旋，而不是单纯的纬向均匀气流。

理论工作：

与子午面上三圈环流确认的同时，直接地面观测和间接高空观测(云运动方向)发现，中纬地面和高空也不是单纯的纬向均匀气流，环流由东北风和西南风按经度交替排列构成，像极地和热带气团的活动，多弗(Dove，1837)给出了它们的图(图1.5)。比奇洛(Bigelow，1902)描述了中纬地区风带中的这种不对称涡旋环流，并认为它们能将低纬大气从太阳辐射所得的多余热量向高纬输送。

德凡特(Defant，1921)假定中纬大型涡旋能像湍涡一样将热量从低纬高温处向高纬低温处传输，应用湍流理论计算了直径为数千千米的大型涡旋向极输送的热量，发现计算结果与所要求的输送很一致，从而认为这种大型涡旋可以看做湍涡(黏性)。

已经认识到，平衡需要西风角动量和热量在中纬大气高空向极输送，但中纬高空并不存在纬向均匀的向极气流。杰弗里斯(Jeffreys，1926)发现中纬大型涡旋能将西风角动量从低值处向高值处(西风急流)传输，因而认为不能将其一般地比作湍涡。因此，他提出中纬角动量和热量的输送是由不对称的大型涡动完成的，这种传输机制与湍流传输机制完全不同。

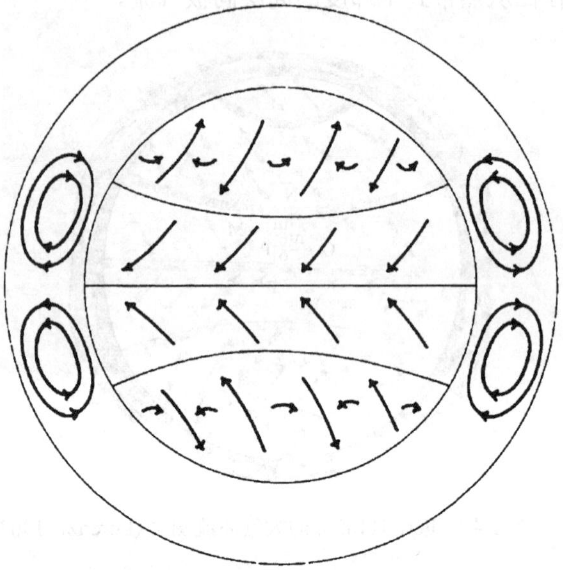

图 1.5 Dove(1837)设想的大气环流图案(Lorenz，1967)

V. 皮叶克尼斯(V. Bjerknes，1937)给出温带气旋的纬向不对称结构。他研究了形如 Thomson 和 Ferrel 环流图案，认为它们对于不对称扰动是不稳定的，观测到的温带气旋和反气旋是不对称扰动发展的结果。不久，罗斯贝(Rossby，1941，1947)给出中纬长波理论，导出了与实际情况相当吻合的环流形式。

J. 皮叶克尼斯(J. Bjerknes，1948)、普瑞斯特利(Priestley，1949)、斯塔尔(Starr，1948)用高空观测资料计算证实，大型涡旋能将角动量由低值处向高值处(西风急流)输送，这与湍涡的作用相反。因为湍涡动量输送是流体“黏性”现象的本质，大型涡旋动量输送与湍涡存在本质差异，故称后者为“负黏性”现象。“负黏性”现象的发现，确立了大型涡旋在大气环流维持中的作用。

4) 阐明大型涡旋成因阶段(1948 年～20 世纪 70 年代)

观测基础：第二次世界大战后全球大气三维观测系统建立、完善和观测资料积累。

理论工作：

伊迪(Eady，1950)、查尼(Charney，1959)的研究指出，大型涡旋的产生符合斜压不稳定理论，不稳定区由最大不稳定波长和纬向平均西风的垂直切变决定。

Lorenz 提出斜压不稳定现象，通过求解动力方程给出了接近实际的大型涡旋的数值解，且模拟出其主要特征。

Lorenz 在 1976 年其演讲的结束语中指出：我们目前对大气中各种相态水的作用了解得还不够全面，最终必须同时考虑热力和辐射两种作用；还不能充分了解有着巨大水体的热带地区和热带外区域间的相互联系。他还称，或许到 20 世纪末，我们会突然发现我们正在开始第五个阶段。

在 20 世纪 80 年代以来的新阶段中，人造卫星与电子计算机用于大气科学研究极大地推动了大气环流学的发展。新田尚(1987)提出大气环流研究中的两个问题：①人类活动(如工业化产生的热量与 CO_2)对大气环流有何影响？②大气环流与气候及其变化有何关系？而人们在全球观测系统建立和观测资料的积累(它们是大气环流研究的基础)，大气环流数值模拟方法的发展(它是大气环流重要的研究方法)，热带大气环流及其与热带外大气的相互作用研究，大气圈与地球其他圈层(水圈、岩石圈、冰雪圈、生物圈)的相互作用，以及大气环流异常(包括人类活动的影响)等方面做了大量的研究工作。1988 年，世界气象组织(WMO)和联合国环境规划署(UNEP)联合设立联合国政府间气候变化专门委员会(IPCC)，其第一工作组主要从科学角度评估气候系统和气候变化，告诉人们气候变化是否发生、发生原因和发生速度，这在很大程度上取决于大气环流研究。

1.3 大气环流学的研究方法

现代大气环流学已形成以下四种既相互联系、又彼此不同的研究方法。

(1) 诊断分析：采用实测资料，确定大气环流平均状况(气候态)、变率及异常(异常态)，称为统计诊断。用观测资料计算动力学方程中相应项，分析不同物理过程在大气环流维持中的作用，称为动力诊断。

(2) 数值模拟：依据大气运动方程组和有关物理过程，发展多种研究大气环流的数值模式(大气环流模式 AGCM、海气耦合模式 O-AGCM、海陆气耦合模式 O-L-AGCM)。然后按不同目的，改变运行模式的初始条件、边界条件甚至物理过程，通过对运行结果的分析，考察大气环流的运行和变化规律。

(3) 理论研究：求解简化后的大气运动方程组，探讨大气环流特定现象的物理成因及维持机制等。

(4) 转盘试验：它根据流体力学中相似理论，设计出可模拟地球大气某些运动特征的旋转圆盘或圆环，通过调节转速、圆环内圈与外圈的温差、盘底形状，来研究实际大气运动与地转、经向温度、地形的关系，给出具有直观性的结果。

但由于技术原因，这一方法现在相对少用。

叶笃正评论前三种方法的关系是：理论研究是数值模拟和诊断分析的升华，并为模拟和诊断分析提供指导；对观测事实的数值模拟有助于认识大气环流的机制，检验和发展理论成果；资料的统计诊断则为理论研究和数值模拟提供观测依据和深入发展的基础。

Lorenz 在 1976 年演讲中指出：经验告诉我们，一个研究工作者如不首先观测大气环流，他将把自己放在一个相当不利的地位；至今，我们甚至还没有完成观测大气环流之后再加以解释这样一个原来认为是较简单的任务。

本书主要用作大气科学本科高年级学生学习大气环流的教材，也可供有关学科研究生、教师与专业技术人员工作参考。我们选择大气环流的基本观测事实(第 2 章)、大气环流的维持机制(第 3～5 章)、大气环流的数值模拟简介(第 6 章)和转盘试验简介(第 7 章)为讲课主要内容。理论研究不单独列章，是考虑了本书的读者主要为本科生。根据专业和学时差别，教师可以补充讲解或略去有关内容。

第 2 章 大气环流的基本观测事实

观测事实是大气环流研究的出发点和成果检验的标准。全球观测网的建设，观测、数据处理手段的现代化，资料的积累对大气环流学发展有决定意义。对大气状态进行现代三维观测(无线电探空仪、飞机航测)始于 20 世纪 30 年代。第二次世界大战后，形成了高空探测网，且统一了时次(世界时 0 时、6 时、12 时、18 时)。20 世纪 60 年代以来，气象卫星和电子计算机的迅速发展从根本上改变了气象观测，“世界天气监测网”(World Weather Watch，WWW)及“全球大气研究计划”(global atmospheric research program，GARP)使全球大气观测日趋完善。全球大气环流模式从根本上改变了观测数据的处理，实现了地面、高空和卫星观测资料的同化，获得了全球三维多要素场的最优估算，产生了以 NCEP/NCAR、ECMWF 为代表的全球、多要素、长序列再分析资料，为研究大气环流基本事实提供了基础。

本章介绍大气环流的基本观测事实。2.1 节、2.2 节分别从本质和现象两方面，介绍学习大气环流基本观测事实的方法，其余各节介绍基本观测事实。要求掌握它们的形态特征及相互联系，初步理解其物理成因。

2.1 基本控制因子和基本制约关系

即使将大气环流理解为月、季时间尺度的平均状态，它仍然具有十分复杂的形态。这种复杂性既表现为它具有三维(3D)结构、年变化(即季节变化)和年际异常、半球际差异，并且涉及多种物理属性(运动、力、热、辐射、相变等)，因此需要涉及多种气象要素($\boldsymbol{V}$、p、T、R、q 等)。Lorenz 估计，要表示大气环流全部可能重要的定量统计特征，必须使用数以百计(或更可能是以千计)张图。因此，对基本事实作纯粹现象学描述将导致烦琐哲学。

我们采用物理成因与环流形态相结合的叙述方式，介绍大气环流的基本观测事实。这一节介绍与物理成因有关的两个方面：控制大气环流的基本因子和制约压、温、风空间分布的基本关系；下一节给出与环流形态有关的环流分解。它们不只对本章的讲解重要，还将贯穿本教材其余各章。

2.1.1 大气环流的基本控制因子

叶笃正等(1958)[①] 将大气环流的成因归结为如下五个方面：大气尺度和成分、太阳辐射、地球的转动、地球表面的不均匀性、地面摩擦。下面简要说明之。

1) 大气尺度和成分

由美国标准大气(图 2.1)的气压-高度(p-z)关系知，约 30km(略低于 10hPa 等压面平均高度)以下的大气质量占总质量的 99%，而其水平尺度可以用地球半径度量。因此，大气是覆盖地面的一层极薄气体。由卫星在太空拍摄的地球边缘图像可以看到大气层确实是很薄的。

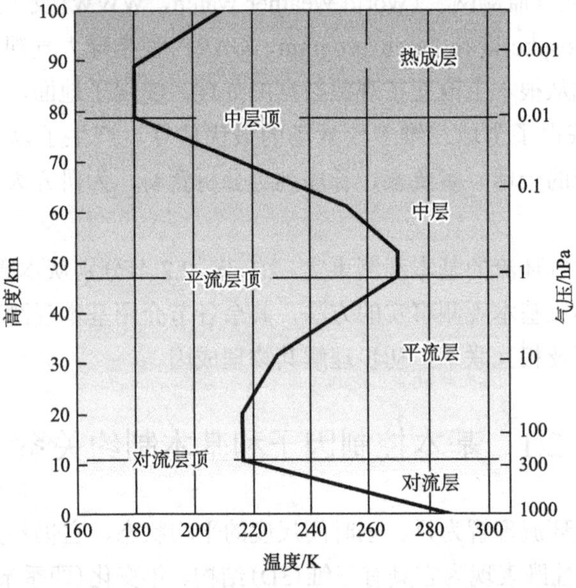

图 2.1　美国标准大气的温度垂直廓线(Wallace et al.，2006)

① 叶笃正(1916.2.21～2013.10.16)，中国科学院院士。1940 年毕业于清华大学(当时为西南联大)，1948 年获美国芝加哥大学博士学位，1950 年回国。曾任中国科学院地球物理研究所和大气物理研究所研究员，大气物理研究所所长，中国科学院副院长。我国当代杰出的气象学家，国际知名的气象学大师。早期从事大气环流和长波动力学研究，提出长波能量频散理论，对动力气象学做出了重要贡献。20 世纪 50 年代提出夏季青藏高原是大气热源的见解，开拓了大地形热力作用的研究。1958 年，与陶诗言等提出了北半球大气环流的季节性突变，是大气环流的开创性研究；与朱抱真合著的《大气环流的若干基本问题》，是具有国际影响力的大气环流学经典著作。

对水平范围达到行星尺度的运动(大气环流属此类运动)，其水平尺度远大于垂直尺度，在一些假定下，可从连续方程导出垂直运动速度(w)与经向水平运动速度(v_φ)之比的量级$O\left(\frac{w}{v_\varphi}\right)<\frac{1}{100}$的结论。故大气环流主要表现为水平运动。

驱动大气环流的能量源于地气系统吸收的太阳辐射(短波)能。大气是地气系统的子系统，它对太阳短波辐射的直接吸收，对地面能量(长波辐射、潜热、感热)的吸收、转换和放射都与大气成分有关，因此大气成分也是影响大气环流的因素。例如，O_3 的存在决定了极区平流层 T、p、V 场的季节变化。又如，工业化使大气中 CO_2 等温室气体含量增加，导致 20 世纪中叶以来全球气温增高(“全球增暖”现象)，这已取得认同。

2) 太阳辐射

大气环流的原动力是太阳辐射。其中，太阳辐射能随纬度分布的不均匀尤其重要，它导致大气辐射差额(定义为吸收太阳短波辐射能与放出长波辐射能之差)低纬(约南、北纬 30° 间)为正，中、高纬为负，造成 T、p 的经向差异，驱动了大气运动。对此，2.6 节将作深入讨论。

3) 地球的转动

地球的转动分为公转和自转(图 2.2)。

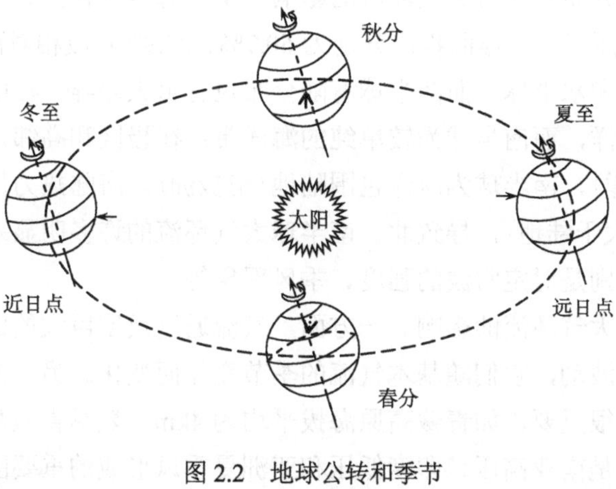

图 2.2　地球公转和季节

公转是地球绕日的转动，公转一周的时间(回归年)为 365 日 5 时 48 分 46 秒。因黄道[①]与赤道成一定交角(23°26′)，导致太阳直射纬度随季节而变，春分、秋分直射赤道，冬至、夏至直射南、北回归线。公转造成地气系统辐射平衡地理分布随季节而变，它决定了大气环流的季节变化。另外，公转轨道为椭圆，冬至、夏至地球分别位于近日点、远日点附近，日地距离相差 0.05×10^8km，达日地平均距离 1.496×10^8km(一个天文单位)的 3.34%，它造成到达地球太阳辐射能的季节变化。

自转是地球绕地轴的转动，自转一周的时间(恒星日)为 23 时 56 分 4 秒。自转引起局地辐射平衡的昼夜变化，它是大气环流日变化的主要原因。自转对大气运动有深刻影响，这种影响与运动时间、空间尺度有关；空间尺度越大，速度缓慢(因而时间尺度越大)的运动受地转影响越显著，大气环流正是这种运动，故深受其影响。自转对大气环流的影响还与纬度有关(地转参数 $f=2\Omega\sin\varphi$)。中、高纬度大气环流由于 f 大而呈更明显的水平属性；强的地转效应不利于有效位能的释放，因而锋面和急流(可视为行星锋带)这些斜压系统可以稳定存在。低纬地转效应弱，更利于对流的发生，系统呈现正压性。

4) 地球表面的不均匀性

地球表面(简称地表)的不均匀性造成了平均环流的纬向非对称性(定常波)和半球际差异。地表不均匀性主要表现在如下两个方面。

海陆面积及分布差异对大气环流的影响。全球海洋面积占总面积的 70.8%，北、南半球海洋面积与半球面积比分别为 60.7%、80.9%；故相对而言，北、南半球分别为陆半球和水半球。而两半球海陆分布也有重大差异，在中纬度，北半球为两大陆、两海洋，而南半球为较单纯的海洋带；在极区和高纬，北半球为大陆包围海洋(北冰洋)，南半球为海洋包围陆地(南极洲)。海陆热力性质的差异巨大(海洋热惯性远大于陆地)，导致北、南半球大气环流的许多明显差异。这种影响是全方位的，特别是对定常波的强度、季风现象等。

地形起伏对大气环流的影响。一方面，气流通过尺度巨大的山脉时将发生爬坡、绕流，产生波动，它们随基本气流的季节变化而变化。另一方面，由地形引起的加热作用也很重要，如青藏高原海拔平均为 4km，夏季青藏高原直接加热对流层中部大气，是南亚高压、印度低压和亚洲夏季风形成的重要因素。

---

① 黄道是地球绕太阳公转的轨道平面与天球相交的大圆，即太阳在天球上的周年视运动轨迹，它用于确定季节。

地球表面的不均匀性可能更广泛地涉及气候系统的五个圈层(水圈、冰雪圈、生物圈、岩石圈、大气圈)及其相互作用。气候系统其他圈层对大气圈的影响是多方面和多时空尺度的，在大气环流变化及异常上得到反映，导致气候变化及异常的发生。

5)地面摩擦

地面摩擦不只影响摩擦层(约 1km 以下)，且影响自由大气的环流形态。在摩擦层中，摩擦使空气穿越等压线从高压流向低压，补偿了摩擦对动能的消耗。在平均状态下，为了维持大气环流，摩擦层以上的自由大气中必然有相反的过程发生，从而导致摩擦层高、低压区上空的下沉、上升气流，造成区域气候异常。Charney 和 Eliassen 证明，摩擦不仅可以影响 500hPa 的扰动振幅，且可影响槽脊位置随高度的变化。Smagorinsky 的计算则指出，在无地面摩擦作用情况下，中、高纬度槽脊的位置不随高度变化；而考虑地面摩擦，槽脊位置将随高度向西倾斜，这与实际大气环流一致。地表面摩擦在海洋上和陆地上很不相同，这种不均匀性对大气环流状态也必定有作用。

2.1.2　基本制约关系

大尺度大气运动中 T、p、$\boldsymbol{V}$ 自身的空间分布及相互关系受到一些强关系的制约。压高关系制约 p 随高度的变化，地转风关系制约 $\boldsymbol{V}$ 、p 水平配置，热成风关系制约 $\boldsymbol{V}$ 、$\nabla_h T_m$ 垂直配置。根据这些关系，我们可以将这些要素反映的大气环流基本观测事实作统一的理解，这对掌握大气环流基本观测事实十分有利。下面对此作简要介绍。

1)压高关系

由静力方程，对上、下气压(高度)为 p_1、p_2 (z_1、z_2)的气柱，存在关系

$$g\Delta z = RT_m \ln\frac{p_2}{p_1} \tag{2.1}$$

式中，g 为重力加速度；$\Delta z = z_1 - z_2$ (m)为气柱高度(即气压 p_1 与 p_2 之间大气层的厚度)；R 为气体常数；T_m 为气柱垂直平均气温。当 T_m 增大时，两等压面之间的空气密度减小，气柱高度增大。

如图 2.3 所示，两点 A、B 气柱的平均气温为 T_{mA}、T_{mB}，且 $T_{mA} > T_{mB}$，应有 $\rho_A < \rho_B$，故引起同一压差 $\Delta p = p_1 - p_2$ 的 $\Delta z_A > \Delta z_B$；若 p_2 等压面水平，则 p_1 等压面将发生如图 2.3 倾斜。这是气压系统强度、位置随高度变化的物理原因。

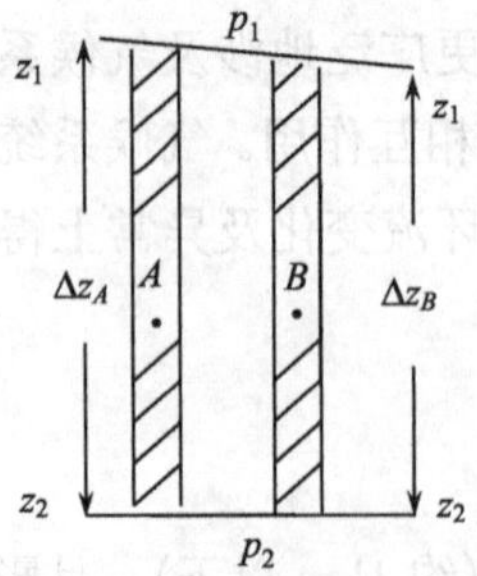

图 2.3　压高关系示意

2) 地转风关系

$$V_g = \frac{1}{f} k \Lambda \nabla_h \phi \tag{2.2}$$

式中，f 为地转参数，单位为 s^{-1}；$\phi = gz$ 是位势，单位为 m^2/s^2。

地转风 V_g 是科氏力与气压梯度力平衡下的大气运动。等压面上 V_g 沿等高线方向吹，在北(南)半球，背 V_g 而立，高 ϕ 在右(左)、低 ϕ 在左(右)。故自由大气中，给出了 ϕ，也就给出了 V_g 和近似地给出了 V。

3) 热成风关系

定义气层 p_1、p_2 间的热成风为 $V_{gT} = V_{g1} - V_{g2} = \Delta V_g$。由(2.1)式和(2.2)式得

$$V_{gT} = \frac{R}{f} \ln \frac{p_2}{p_1} k \Lambda \nabla T_m \tag{2.3}$$

V_{gT} 沿等 T_m 线方向吹，在北(南)半球，背 V_{gT} 而立，高 T_m 在右(左)、低 T_m 在左(右)。可由(2.3)式互推层际 ΔV_g 与 T_m 形势。V_{gT} 是由等压面上温度分布不均匀造成的，在正压大气中等压面上不存在温度差异，故不存在热成风。由(2.1)式，标准等压面间厚度正比于其间 T_m，故厚度图常用于表示层间 T_m①。

时间平均温、压、风场间关系虽不严格遵循(2.1)式～(2.3)式，但定性受制于这些规律。因此，在本章分析不同要素气候场时，可据此建立其空间分布间的联系。

① 这里的 T_m 并不完全等同于实际的气层平均温度，后者指以质量为权重的气柱平均温度。

2.2 环流分解

环流分解是从形态(现象)角度对大气环流的分析。环流分解有多种方案，这里介绍 Lorenz(1976)总结的分解方案(以下简称 Lorenz 环流分解)。

2.2.1 分解对象

Lorenz 环流分解的直接对象，是空域为过子午面上点(φ, p)的一个完整纬圈$\lambda \in [0, 2\pi)$、时域为$t \in [0, T]$上的环流量场的时间序列。将时、空域作均匀离散化处理$\Delta t = T/m$、$\Delta\lambda = 2\pi/n$，则分解对象可记为

$$A_{ij},\ \ i = \overline{1, m}, j = \overline{1, n} \tag{2.4}$$

式中，A 是环流量，它可以是运动量$\boldsymbol{V}$或其分量u、v、w(或ω)，也可以是非运动分量T、p(或位势高度H)、q等；格点(i, j)对应时刻$t_i = i\Delta t$、经度$\lambda_j = j\Delta\lambda$。(2.4)式中选择纬圈场为空间分析对象，是因为多数环流量随λ的变化较φ、z小，但它们对大气环流维持和气候及其异常形成的影响十分重要。

2.2.2 分解式

从(2.4)式中可得三种分解对象：①j点(位于$\lambda_j = j\Delta\lambda$)上$A$的时间序列，简记为$A_i, i = \overline{1, m}$；②$i$时刻(对应$t_i = i\Delta t$)的$A$场，简记为$A_j, j = \overline{1, n}$；③场的时间序列，即(2.4)式。它们的环流分解分别简称为时域、空域、时空域上的分解，其分解式如下所述。

1) 时域上的分解

时域上的分解即时间序列分解，分解式为

$$A_i = \overline{A} + A_i',\ \ i = \overline{1, m} \tag{2.5a}$$

右端，$\overline{A} = \dfrac{1}{m}\sum_{i=1}^{m} A_i$是时间平均分量，它不随$t$变化；$A_i' = A_i - \overline{A}$是$A_i$对$\overline{A}$的差，简称距平。$\overline{\ \ }$、$'$ 是时间平均、距平算符。

2) 空域上的分解

空域上的分解即纬圈场的分解，分解式为

$$A_j = [A] + A_j^*,\ \ j = \overline{1, n} \tag{2.5b}$$

右端，$[A]=\frac{1}{n}\sum_{j=1}^{n}A_j$ 是纬圈平均分量，它不随 λ 变化；$A_j^*=A_j-[A]$ 是 A_j 对 $[A]$ 的差，简称纬偏。[ ]、* 是纬圈平均、纬偏算符。

3) 时空域上的分解

时空域上的分解即场的时间序列的分解，它由时域、空域两步分解完成，按时、空顺序分解得

$$A_{ij}=[\overline{A}]+\overline{A}_j^*+[A']_i+A_{ij}'^*,\quad i=\overline{1,m}, j=\overline{1,n} \tag{2.5c}$$

右端，第一项 $[\overline{A}]=\frac{1}{m\times n}\sum_{i=1}^{m}\sum_{j=1}^{n}A_{ij}$，是时间和纬圈平均分量，它不随 t、λ 变化；第二项 $\overline{A}_j^*=\frac{1}{m}\sum_{i=1}^{m}A_{ij}-[\overline{A}]$，是时间平均场 j 点的纬偏分量，它随 λ 变化，但不随 t 变化；第三项 $[A']_i=\frac{1}{n}\sum_{j=1}^{n}\left(A_{ij}-\frac{1}{m}\sum_{i=1}^{m}A_{ij}\right)$，是 i 时刻距平场的纬圈平均分量，它随 t 变化，但不随 λ 变化；第四项 $A_{ij}'^*=A_{ij}-\left\{[\overline{A}]+\overline{A}_j^*+[A']_i\right\}$，是 i 时刻、j 点的距平纬偏分量，它随 t、λ 变化。

2.2.3 分量性质

将 (2.5a) 式～(2.5c) 式写成时域、空域和时空域上环流分解的向量形式

$$\boldsymbol{A}=\overline{\boldsymbol{A}}+\boldsymbol{A}' \tag{2.6a}$$

$$\boldsymbol{A}=[\boldsymbol{A}]+\boldsymbol{A}^* \tag{2.6b}$$

$$\boldsymbol{A}=[\overline{\boldsymbol{A}}]+\overline{\boldsymbol{A}}^*+[\boldsymbol{A}']+\boldsymbol{A}'^* \tag{2.6c}$$

右端分量性质为：

(1) 平均项（右端第 1 项）具有均匀性，即 $\overline{\boldsymbol{A}}$、$[\boldsymbol{A}]$、$[\overline{\boldsymbol{A}}]$ 分别在时域、空域和时空域上保持常量。

(2) 偏差项（带距平、纬偏的项）均为中心化分量，即

$$\sum_{i=1}^{m}A_i'=0,\quad \sum_{j=1}^{n}A_j^*=0$$

$$\sum_{j=1}^{n}\overline{A}_j^*=0,\quad \sum_{i=1}^{m}[A']_i=0,\quad \sum_{i=1}^{m}\sum_{j=1}^{n}A_{ij}'^*=0$$

(3) 分量间相互正交，即分解式右端分量间满足正交性

$$(\overline{\boldsymbol{A}},\boldsymbol{A}')=0,\quad ([\boldsymbol{A}],\boldsymbol{A}^*)=0$$

$$([\overline{A}],\overline{A}^*)=([\overline{A}],[A'])=([\overline{A}],A'^*)=(\overline{A}^*,[A'])=(\overline{A}^*,A'^*)=([A'],A'^*)=0$$

式中，(,)为向量内积算符，l 维空间中的向量 $\boldsymbol{f}$、$\boldsymbol{g}$ 的内积定义为 $(\boldsymbol{f},\boldsymbol{g})=\sum_{k=1}^{l}f_k g_k$。环流分解的正交性是方差(方差贡献)分析的基础，可通过它判断各分量(右端项)在构成分析对象(左端项)中的重要性。

2.2.4　两类场序列的环流分解

实际分析中，场序列(2.4)式可按时间序列性质分为两类：①$\boldsymbol{A}$ 为某年某月 1 个月 m 个瞬时场的序列，A_{ij} 为该月 i 时刻、j 点上 $\boldsymbol{A}$ 环流量瞬时值，$\boldsymbol{A}$ 可称为天气场序列；例如，1958 年 1 月 45°N 纬圈上 $\Delta t=6\text{h}$ 、$\Delta\lambda=2.5°$ 的 500hPa 等压面位势高度瞬时场序列，记为 $H_{ij},i=\overline{1,144},j=\overline{1,124},m=124$。②$\boldsymbol{A}$ 为某月 m 年的月均场序列，A_{ij} 为 i 年、j 点上该月 $\boldsymbol{A}$ 环流量平均值，$\boldsymbol{A}$ 可称为气候场序列；例如，1958～1997 年 45°N 纬圈上 $\Delta t=1\text{a}$ 、$\Delta\lambda=2.5°$ 的 500hPa 等压面位势高度 1 月平均场序列，记为 $H_{ij},i=\overline{1,144},\ j=\overline{1,40},\ m=40$。

按(2.5)式分解上述两类场序列时，分析对象及环流分量的名称如表 2.1、表 2.2。注意：①瞬时场序列的时间平均项是 t_y 年、t_m 月的环流量月平均场；月均场序列的时间平均项是多年平均场，后者在 m 足够大时为气候场。②瞬时场序列的 A' 称为“瞬变”，A^* 称为“涡旋”，A'^* 称为“瞬变涡旋”；月均场序列的 A' 称为“距平”或“异常”，A^* 称为准定常波，$\overline{A}^*$ 称为定常波，A'^* 称为定常波异常。③瞬时场序列的平均分量 $\overline{A}$ 、$\overline{A}^*$ 分别是 t_y 年、t_m 月的分解对象 A 和准定常波 A^*。

表 2.1　瞬时场序列分解对象和分量名称

分解对象 A	右 1 项	右 2 项	右 3 项	右 4 项
瞬时值序列(2.5a)式	月均 $\overline{A}$	瞬变 A'	—	—
瞬时场(2.5b)式	瞬时纬均 $[A]$	瞬时涡旋 A^*	—	—
瞬时场序列(2.5c)式	月纬均 $[\overline{A}]$	月均纬偏 $\overline{A}^*$ (准定常波)	纬均瞬时距平 $[A']$ (纬均瞬变)	瞬变纬偏 A'^* (瞬变涡旋)

表 2.2　月均场序列分解对象和分量名称

分解对象 A	右 1 项	右 2 项	右 3 项	右 4 项
月均值序列(2.5a)式	多年平均(气候) $\overline{A}$	月距平(异常) A'	—	—
月均场(2.5b)式	月纬均 $[A]$	月纬偏(准定常波) A^*	—	—
月均场序列(2.5c)式	多年平均纬均 $[\overline{A}]$ (气候纬均)	多年平均纬偏 $\overline{A}^*$ (定常波)	纬均距平 $[A']$ (纬均异常)	距平纬偏 A'^* (定常波异常)

瞬时场序列分解中，有时也将(2.5c)式右端的第3、4项合并为$A'=[A']+A'^*$，此时(2.5c)式写为

$$A=[\overline{A}]+\overline{A}^*+A' \tag{2.7}$$

并且，在文献中也称A'为“瞬变涡旋”；显然，A'^*仅是A'的一个部分，二者环流意义不同。

2.2.5 物理量通量的分解

通量定义为单位时间内大气运动引起的通过垂直于运动方向单位面积的物理量输送。例如，用A表示单位体积大气所含物理量、v表示风的向北分量，则Av构成了(λ,φ,p)处t时刻单位时间内通过等φ面(通常它是锥面，因其上φ相同，故称等φ面)上单位面积A物理量的向北输送量(向北为正，向南为负)。

物理量通量分解一般对t_y年、t_m月的瞬时场时间序列进行，Av的时、空平均可作如下分解：

$$\overline{[Av]}=[\overline{A}][\overline{v}]+[\overline{A}^*\overline{v}^*]+\overline{[A'][v']}+\overline{[A'^*v'^*]} \tag{2.8}$$

右端各项的名称为t_y年、t_m月的平均经向环流通量($[\overline{A}][\overline{v}]$)，准定常涡旋通量($[\overline{A}^*\overline{v}^*]$)，瞬变经向环流通量($\overline{[A'][v']}$)，瞬变涡旋通量($\overline{[A'^*v'^*]}$)；它们均是$(\varphi,p)$和$(t_y,t_m)$的函数，均可用子午面图表达。

将(2.8)式右端的瞬变项(第3、4项)合并，得(2.8)式的另一形式

$$\overline{[Av]}=[\overline{A}][\overline{v}]+[\overline{A}^*\overline{v}^*]+\overline{[A'v']} \tag{2.9}$$

右端末项仍称为瞬变涡旋通量，但$\overline{[A'v']}=\overline{[A'][v']}+\overline{[A'^*v'^*]}$；类似于(2.7)式，(2.9)式中的$\overline{[A'v']}$显然不是(2.8)式中的$\overline{[A'^*v'^*]}$。

对(2.8)式或(2.9)式求多年平均，可求得物理量输送及其各分量的气候平均值。以(2.9)式为例，其多年平均的右端第一项反映了Hadley、Ferrel等平均经圈环流的输送作用；第二项反映与海陆分布及地形影响有关的大气活动中心、平均槽脊(即定常波)的输送作用；第三项反映瞬变涡旋的输送作用，反映了斜压不稳定的作用。需要注意的是第二、三项与两个物理量场的相互配置密切相关。

将w或$(-\omega)$替代(2.8)式、(2.9)式中的v，可得向上的物理通量及其分解式。

月均场序列分解主要用于大气环流基本观测事实的分析(第2章)及数值模拟结果的分析(第6章)，物理量通量分解则主要用于大气环流维持机制的分析(第3、4、5章)。此外，它们还广泛用于大气环流异常及短期气候预测的分析研究。

2.3　平均纬向环流和平均经圈环流

按美国标准大气分层(图 2.1)，地表以上至约 200hPa(约 12km)为对流层，200～50hPa(约 20km)为低平流层，50～10hPa(约 31km)为中平流层，10～1hPa(约 47km)为高平流层。因为 10hPa 等压面以下(包括对流层和中、低平流层)大气质量占总质量的 99%以上，下面的分析主要对 10hPa 以下大气环流进行。

2.3.1　平均纬向环流([$\overline{u}$])

气候纬向平均西风[$\overline{u}$]分布图(图 2.4)特征可概括如下。

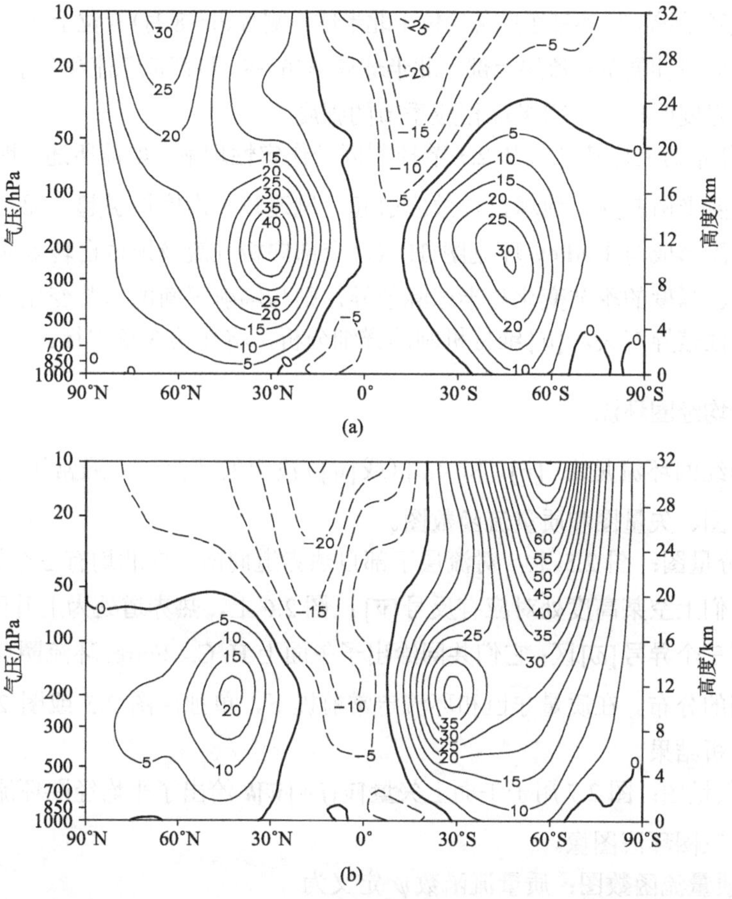

图 2.4　NCEP/NCAR 40 年(1958～1997 年)平均纬向风([$\overline{u}$])分布图(单位：m/s)

(a) 12～2 月；(b) 6～8 月

(1)形势：全球主要由一个大范围东风区和两个大范围西风区构成。东风区覆盖整个热带地面，经向宽度向上向赤道收缩(对流层中)，然后扩展(平流层中)，直到占据冬半球内热带及整个夏半球(中平流层)；中心在夏半球赤道附近中平流层的东风高值区，可称为(热带)东风急流。两个西风区分别出现在冬(整层)、夏(低平流层及以下)半球；中心在对流层顶的两个西风高值区(冬半球 30°、夏半球 40° 附近)称为副热带西风急流，中心在冬半球中平流层顶 60° 附近的西风高值区称为极夜急流。

(2)季节变化：东、西风区位置随季节调整。东、西风急流中心位置随太阳直射纬度北进南退，半球副热带西风急流冬强夏弱；平流层极夜急流只出现在冬半球。

(3)半球际差异：热带东风急流位于北半球一侧时(6～8 月)较位于南半球时(12～2 月)强，它可伸展至对流层上部；北半球夏季(6～8 月)西风急流和冬季(12～2 月)极夜急流强度明显小于南半球相应季节的强度。

$[\overline{u}]$ 分布的上述特征可从 2.1 节控制因子作定性理解。如前所述，地面热带东风带由辐射平衡差异、地球自转效应引起，风速较小由摩擦引起。而对流层上部的西风急流形成与 Hadley 环流圈(H. C.)上部向极气流及地球自转效应有关；它们的位置、强度的季节变化与半球际差异，则与辐射平衡的季节变化及半球际地面不均匀性差异有关。$[\overline{u}]$ 维持机制的详细分析，将在第 3 章进行。

2.3.2 平均经圈环流

平均经圈环流是由 $[\overline{v}]$ 和 $[\overline{\omega}]$(或 $[\overline{w}]$)决定的环流，它通常用三种方法表示：分量图、矢量图和质量流函数图。

(1)分量图：图 2.5 上，对流层下部自热赤道向南、向北均有三个异号 $[\overline{v}]$ 值区，且它们上空某高度处对应有反号 $[\overline{v}]$；图 2.6 上，热赤道处为上升区，向南、向北各有三个异号 $[\overline{\omega}]$ 区；它们共同给出子午面上 H. C.、Ferrel 环流圈(F. C.)和极地环流圈的分布。在质量守恒和环流定常前提下，单独由图 2.5 或图 2.6 也可给出上述分析结果。

(2)矢量图：图 2.7 用子午面上矢量 $[\overline{v}]\boldsymbol{j}+[\overline{w}]\boldsymbol{k}$ 给出了平均经圈环流，它直观地给出了三圈环流图像。

(3)质量流函数图：质量流函数 ψ 定义为

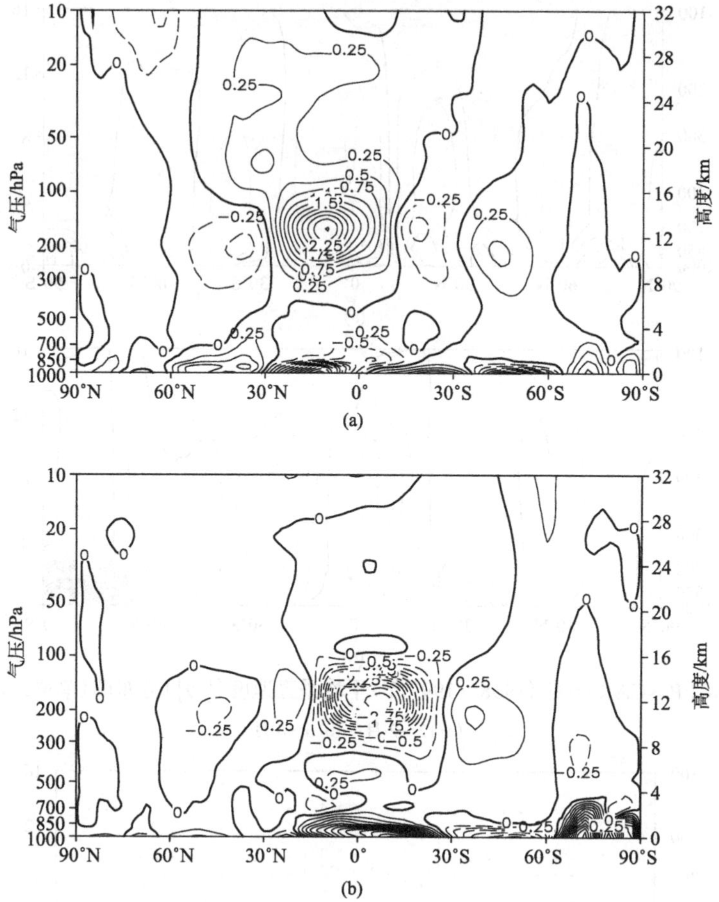

图2.5 NCEP/NCAR 40年(1958～1997年)平均经向风($[\overline{v}]$)分布图(单位：m/s)

(a) 12～2月；(b) 6～8月

$$
\begin{aligned}
2\pi a\cos\varphi[v] &= g\frac{\partial\psi}{\partial p} \\
2\pi a^2\cos\varphi[\omega] &= -g\frac{\partial\psi}{\partial\varphi}
\end{aligned}
\tag{2.10}
$$

(2.10)式的差分显式为

$$
\begin{aligned}
\Delta_z\psi &= \frac{2\pi a\cos\varphi[v]}{g}\Delta p \\
\Delta_y\psi &= \frac{-2\pi a^2\cos\varphi[\omega]}{g}\Delta\varphi
\end{aligned}
\tag{2.10'}
$$

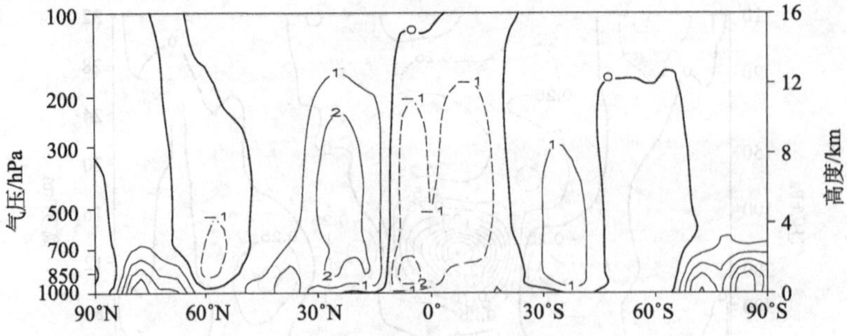

(a)

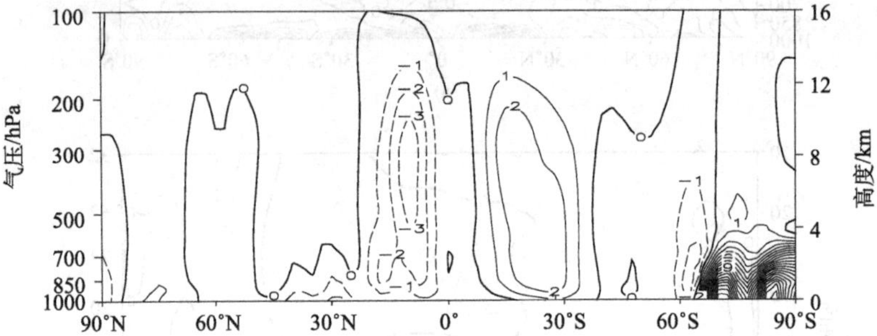

(b)

图 2.6　NCEP/NCAR 40 年(1958～1997 年)平均垂直速度($[\overline{\omega}]$)分布图(单位：10^{-4}hPa/s)

(a) 12～2 月；(b) 6～8 月

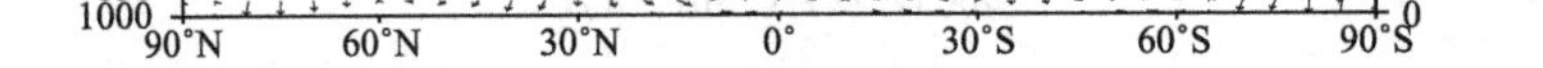

(a)

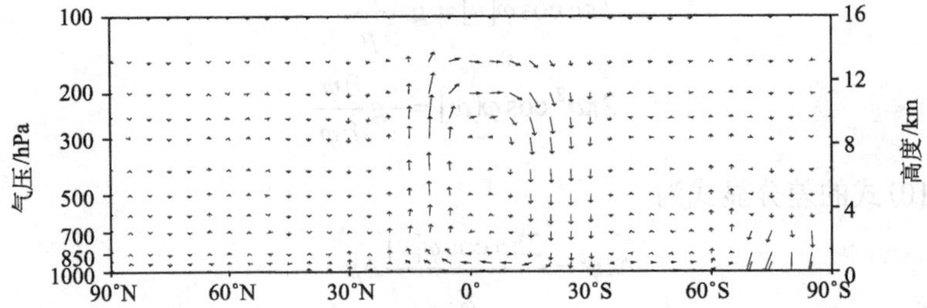

(b)

图 2.7　NCEP/NCAR 40 年(1958～1997 年)平均经圈环流矢量图(单位：$[\overline{v}]$ 同图 2.5，$[\overline{w}]$ 为 10^{-3}m/s)

(a) 12～2 月；(b) 6～8 月

式中，$\Delta_z\psi=\psi_{上}-\psi_{下}$是单位时间(s)内通过图 2.8(a)上等$\varphi$面上环带(阴影区；圆台侧面，上、下压差$\Delta p=p_{上}-p_{下}<0$，上、下高差$\Delta z=z_{上}-z_{下}>0$)的向北总质量输送，环带宽度为$\Delta z$、周长约为$2\pi a\cos\varphi$；$\Delta_y\psi=\psi_{北}-\psi_{南}$是单位时间内通过图 2.8(b)上球带(阴影区；球台侧面，北、南纬差$\Delta\varphi=\varphi_{北}-\varphi_{南}$)的向上总质量输送，球带宽度为$\Delta y=a\Delta\varphi>0$($\varphi$的单位是 rad)，周长约为$2\pi a\cos\varphi$。

实际计算使用(2.10)式，令地面$\psi_0=0$，则高空的ψ可由观测到的$[v]$的垂直分布决定，算式为

$$\psi(p)=\frac{2\pi a\cos\varphi}{g}\int_{p_0}^{p}[v](p)\mathrm{d}p \tag{2.11}$$

式中，p_0为地面气压。为满足大气质量守恒和环流定常，计算时需对$[v]$作某种订正，实习三给出了一种简洁订正方案。

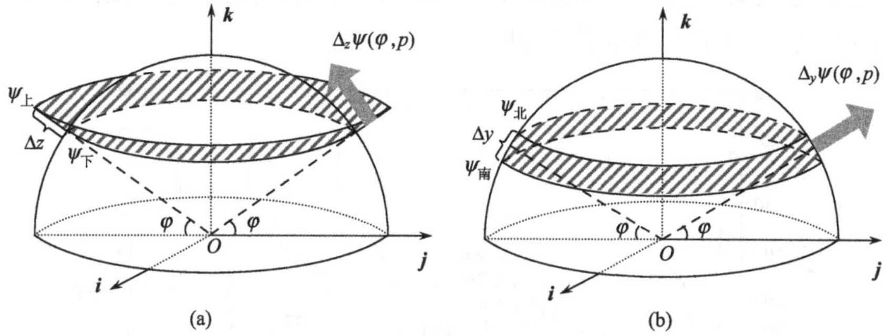

图 2.8　计算$\Delta_z\psi(\varphi,p)$、$\Delta_y\psi(\varphi,p)$使用的几何面(阴影区)示意图

(a)圆台侧面，面积$S_y=2\pi a\Delta z\cos\varphi$；(b)球台侧面，面积$S_z=4\pi a^2\cos\varphi\sin\left(\frac{\Delta\varphi}{2}\right)$

由(2.10)式定义的ψ，当$\frac{\partial\psi}{\partial p}>0$($\psi$向下递增)时，$[v]>0$，质量向北输送；当$\frac{\partial\psi}{\partial\varphi}>0$($\psi$向北递增)时，$[\omega]<0$，质量向上输送；由此可以确定经圈环流流向。而由(2.10)式、(2.11)式，(φ,p)处的$\Delta\psi$是单位时间内通过Δp($\Delta\varphi$)的自南向北(自下向上)穿过等φ面(等p面)的总质量输送，ψ量纲为MT^{-1}(常用单位为 kg/s 或 t/s)。总质量流的强度由子午面上ψ的梯度决定。图 2.9($[\overline{\psi}]$图)直观定量地给出了子午面上的三圈环流。

分量图(图 2.5、图 2.6)定量，但欠直观，矢量图(图 2.7)直观，但不够定量；质量流函数图(图 2.9)兼具直观、定量优点。

据[$\overline{\psi}$]图(图 2.9)，气候平均经圈环流特征可概括如下：

(1)形势：北、南半球四季均存在三个环流圈(3～5 月、9～11 月图略)，从热赤道至极地依次排列 H. C.、F. C.和极地环流圈，强度依次减弱(南半球冬春季例外)。因 H. C.和极地环流圈在高温处上升低温处下沉，称为热力环流圈；F. C.在高温处下沉低温处上升，称为热力反环流圈。

(2)季节变化：两半球平均经圈环流位置随热赤道北进南退改变，三圈环流冬强夏弱；冬、夏严重不对称，春、秋较对称(图略)。

(3)半球际差异：南半球三个环流圈中心位置较北半球相应季节靠近赤道，强度较北半球相应季节大。

[$\overline{\psi}$]图(图 2.9)的上述特征可根据控制因子作定性理解。如前所述，三圈环流形成与辐射差额和地球自转参数随纬度变化有关；冬半球(冬季)三圈环流强于夏半球(夏季)也与此有关。季节变化则由地球公转(致热赤道位置改变)引起。半球际差异则与北、南半球地面不均匀性有关。

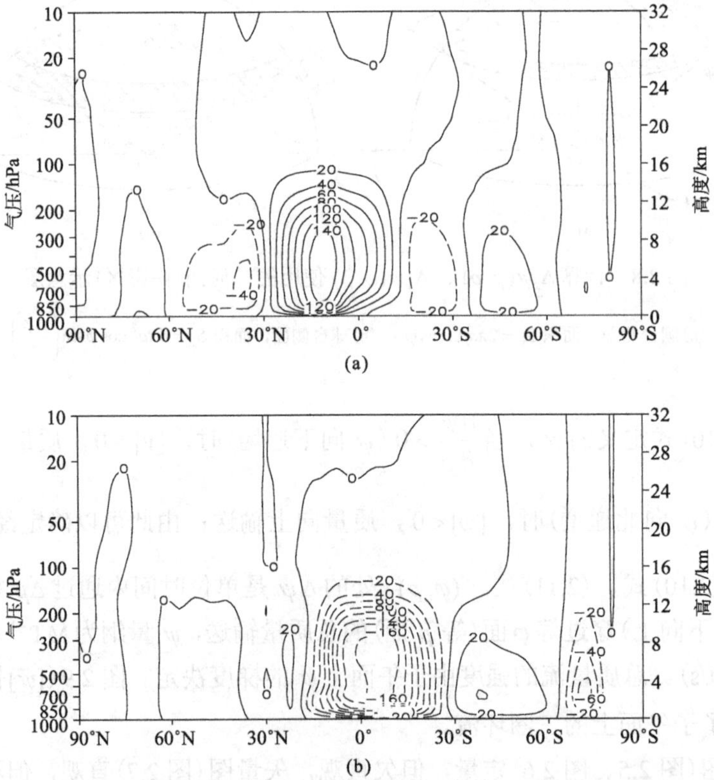

图 2.9　NCEP/NCAR 40 年(1958～1997 年)平均经圈环流质量流函数图(单位：10^6t/s)

(a) 12～2 月；(b) 6～8 月

应当强调，平均经圈环流主要位于对流层(100hPa 以下)。热带对流层上部 H. C. 的经向流四季均以向极质量输送为主，它是$[\overline{u}]$图上该层热带东风带宽度变窄、$[\overline{u}]=0$线向上向赤道倾斜及两半球西风急流的成因。平均经圈环流与平均纬向环流($[\overline{u}]$)维持间的关系，将在第 3 章中全面分析。

2.4　平均水平环流

本节概括介绍全球大气多年平均(即气候平均)水平环流，它包括海平面气压场 $\overline{p}_0$、风场$\overline{\boldsymbol{V}}_0$及自由大气中的对流层中部(500hPa)、低平流层中部(100hPa)、中平流层顶(10hPa)等压面位势高度场$\overline{H}$的环流特征，重点给出风压场随纬度的变化及定常波，它们随高度、季节的变化以及北、南半球际差异。由$\overline{\boldsymbol{V}}_0$及据地转关系得到的自由大气风场$\overline{\boldsymbol{V}}$，可建立它们与 2.3 节平均纬向风$[\overline{u}]$及平均经圈环流$[\overline{v}]$、$[\overline{w}]$的关系，从而得到对全球大气环流气候态的完整理解。

2.4.1　海平面气压场 $\overline{p}_0$ 及风场 $\overline{\boldsymbol{V}}_0$

由图 2.10 右侧的$[\overline{p}_0](\varphi)$知，$\overline{p}_0$中存在赤道低压带、副高带、中高纬低压带和极地高压，它们季节地北进南退，强度为冬强夏弱。

$\overline{p}_0$图上存在一些巨大的闭合高压、低压系统，它们被称为大气活动中心(ACA)。季节地存在的称为半永久性大气活动中心，全年存在的称为永久性大气活动中心。根据气候海平面气压图(图 2.11)，可初步确定北半球、热带和南半球的大气活动中心及其性质(表 2.3)。大气活动中心由大尺度(洋、洲)地球表面纬向不均性强迫生成，它的存在决定了区域气候分布，它的异常引起区域气候异常，是大气环流及区域气候异常研究的重要对象。

表 2.3　根据 161 年(1850～2010 年)平均逐月海平面气压场确定的大气活动中心及其性质

区域	系统名称(起止月份)	性质
北半球	北太平洋高压(2～11 月)、北大西洋高压(1～12 月)、蒙古高压(10～4 月)、阿留申低压(9～5 月)、冰岛低压(9～4 月)、印度低压(4～10 月)	永久性 ACA 半永久性 ACA
热带	非洲低压(10～4 月)、澳大利亚印度尼西亚低压(10～3 月)、南美低压(11～2 月)	半永久性 ACA
南半球	南太平洋高压(1～12 月)、南大西洋高压(1～12 月)、南印度洋高压(7～4 月)	永久性 ACA

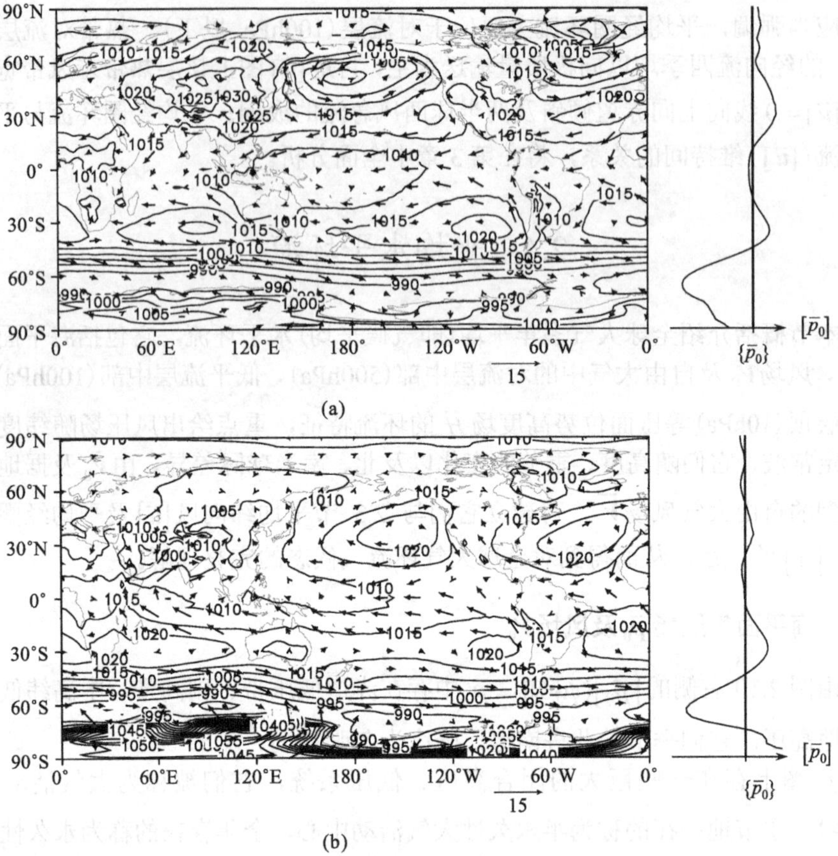

图 2.10　NCEP/NCAR 40 年(1958～1997 年)平均海平面气压场 $\overline{p}_0$ (hPa)、风场 $\overline{V}_0$ (m/s)，{$\overline{p}_0$}是 $\overline{p}_0$ 全球平均

(a) 12～2 月；(b) 6～8 月

由图 2.10 知，海平面风场热带为信风带，它以东风为主，有向热赤道辐合的 v 分量；中高纬度为西风带，有弱的向极分量；极地为弱东风带。在上述风带上叠加了两种环流系统，一是与 $\overline{p}_0$ 场中大气活动中心对应的气旋、反气旋，二是季风。世界典型季风区主要位于东半球低纬区域，夏季与印度低压对应的热带印度洋上的西南风彻底改变了该处信风带。

$\overline{p}_0$、$\overline{V}_0$ 图(图 2.10)上环流系统的地理分布与季节变化十分复杂，但也存在一般规律。中、高纬度，高压(反气旋)一般位于纬向相对冷($\overline{T}_0^* < 0$)的下界面处，反之亦然；而纬向相对冷暖主要由海陆分布和季节决定，冬季同纬洋面较陆面暖，夏季相反。热带、副热带纬度，大气活动中心与季风的成因还必须考虑大地形(如青藏高原)与海表温度纬向差异的强迫，以及 Hadley 环流的动力因素。

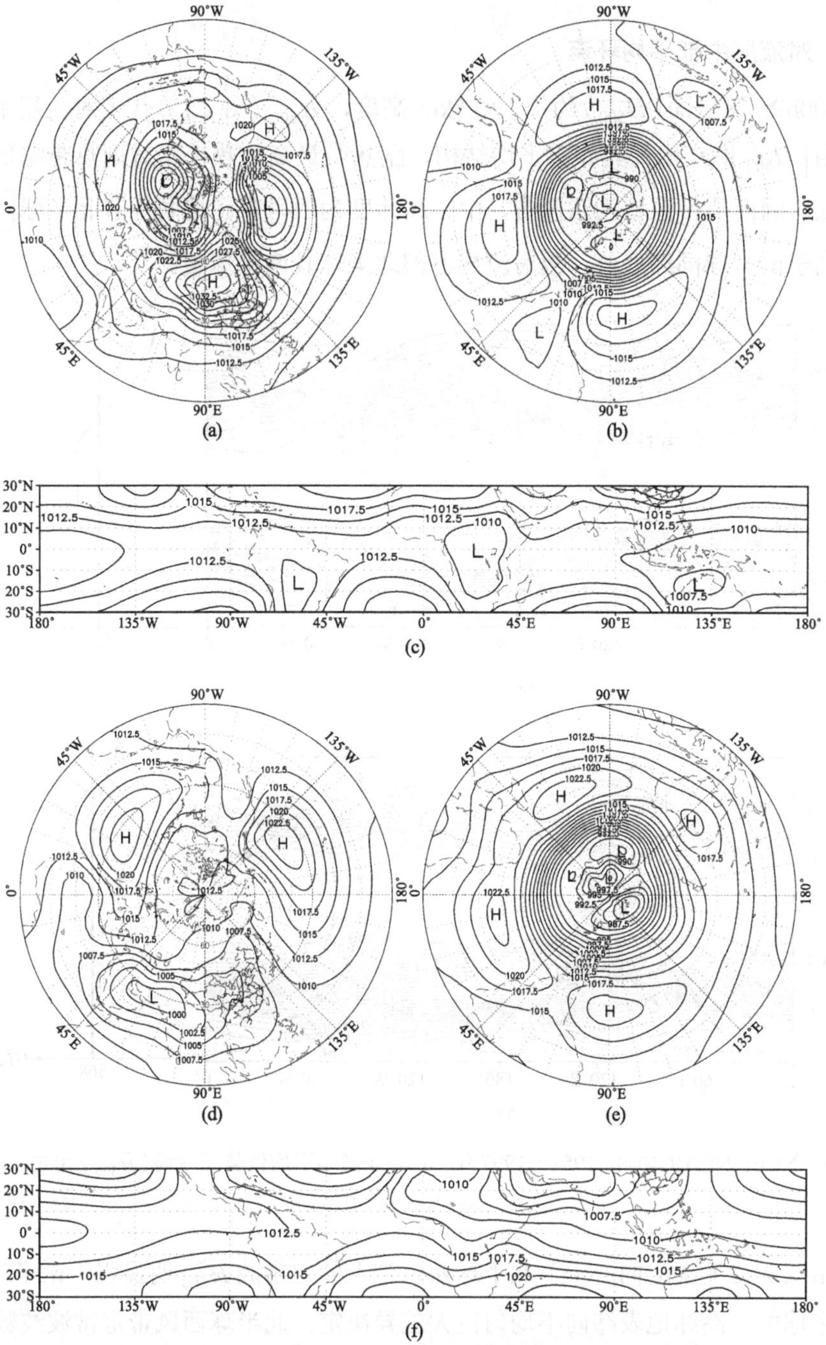

图 2.11　161 年(1850～2010 年)季平均海平面气压图上的大气活动中心(单位：hPa)

(a)～(c)分别为 12～2 月北半球、南半球、热带；(d)～(f)分别为 6～8 月北半球、南半球、热带

2.4.2 对流层中部平均环流

500hPa 等压面(H_{500})约位于 5.5km 高度，$\bar{H}_{500}$（图 2.12）代表对流层中部环流。由$\left[\bar{H}_{500}\right](\varphi)$知，其纬向平均结构，副热带最高，热带相对副热带略低，极地最低。因而热带区域为东风带，中、高纬度为西风带。相同季节北半球$\left[\bar{H}_{500}\right]$明显高于南半球同纬处值，故对流层下部北半球较南半球暖。

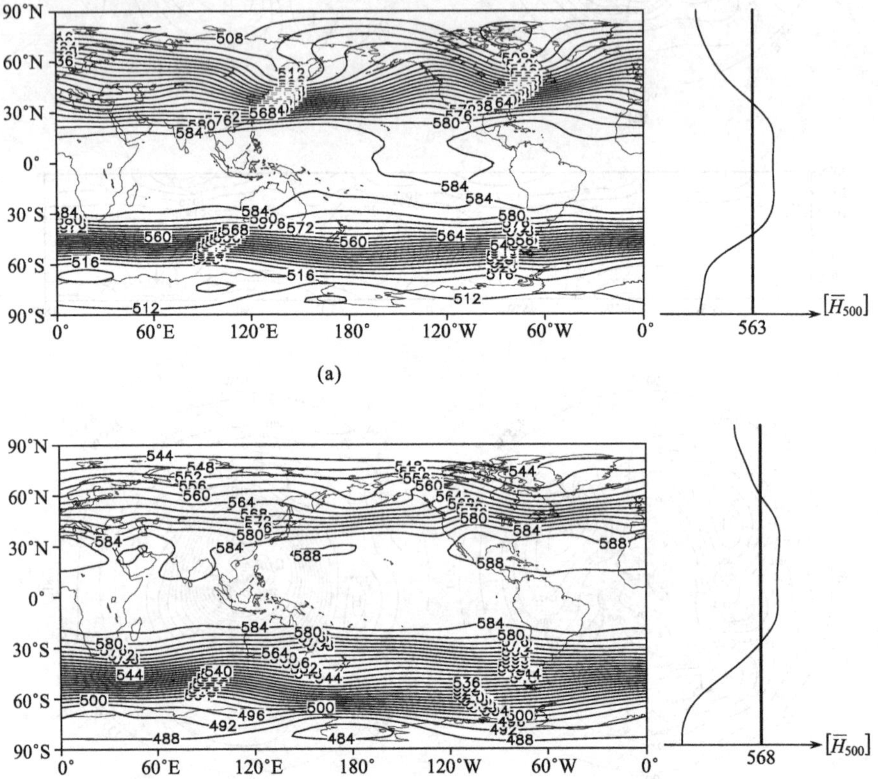

图 2.12 NCEP/NCAR 40 年(1958～1997 年)500hPa 多年平均位势高度场($\bar{H}_{500}$，单位：dagpm)

(a) 1 月；(b) 7 月

由图 2.13 可知，同一季节北半球西风带上的定常波 $\bar{H}^{*}_{500}$ 明显强于南半球，这由两半球中、高纬地表纬向不均匀巨大差异决定。北半球西风带定常波波数大致为“冬三夏四”，这与纬向平均极赤温差冬季远大于夏季有关。北半球副热带高压所在纬度夏季偏北(30°N 以北)、冬季偏南(接近赤道)，接近同季节 Hadley 环流下沉支纬度；其强度夏强冬弱，与 Hadley 环流下沉支所在纬度地转效应(f)强弱有关；夏季北大西洋副高强于北太平洋副高，北大西洋副高主体位于南美—北大西洋—北非广阔区域，北太平洋副高中心位于北太平洋。

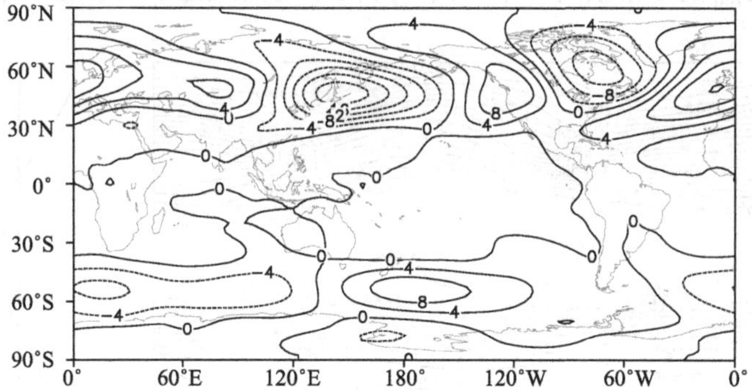

(a)

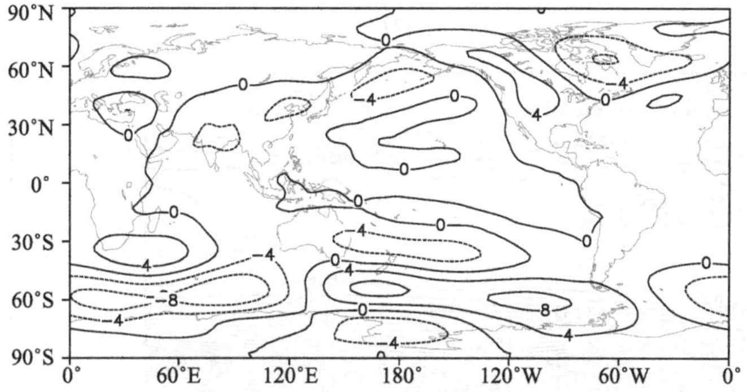

(b)

图 2.13　NCEP/NCAR 40 年(1958～1997 年)500hPa 位势高度场定常波($\bar{H}^*_{500}$，单位：dagpm)

(a)1 月；(b)7 月

2.4.3　低平流层平均环流

100hPa 等压面(H_{100})约位于 16 km 高度，$\bar{H}_{100}$(图 2.14)代表低平流层环流。$\left[\bar{H}_{100}\right](\varphi)$与$\left[\bar{H}_{500}\right](\varphi)$结构相似、特征相同；故$[\bar{u}_{100}](\varphi)$在热带为东风带，中、高纬度为西风带。

北半球$\bar{H}_{100}$的定常波明显强于同季节南半球。北半球 1 月西风带定常波两槽两脊清楚，槽位于两大陆东部，脊位于两大洋东部，与$\bar{H}_{500}$[图 2.12(a)]上两对主要槽脊位置相同；7 月地中海至西太平洋上空为强大南亚高压，它与该处印度洋周边海陆分布及青藏高原存在有关，青藏高原主体海拔在 4km 以上，夏季直接加热对流层中层大气，加强了印度洋至南亚次大陆的西南季风，由此产生的潜热释放维持了南亚高压的存在。

南半球 $\bar{H}_{100}$ 的定常波弱，中、高纬纬向平均西风强于同季北半球。

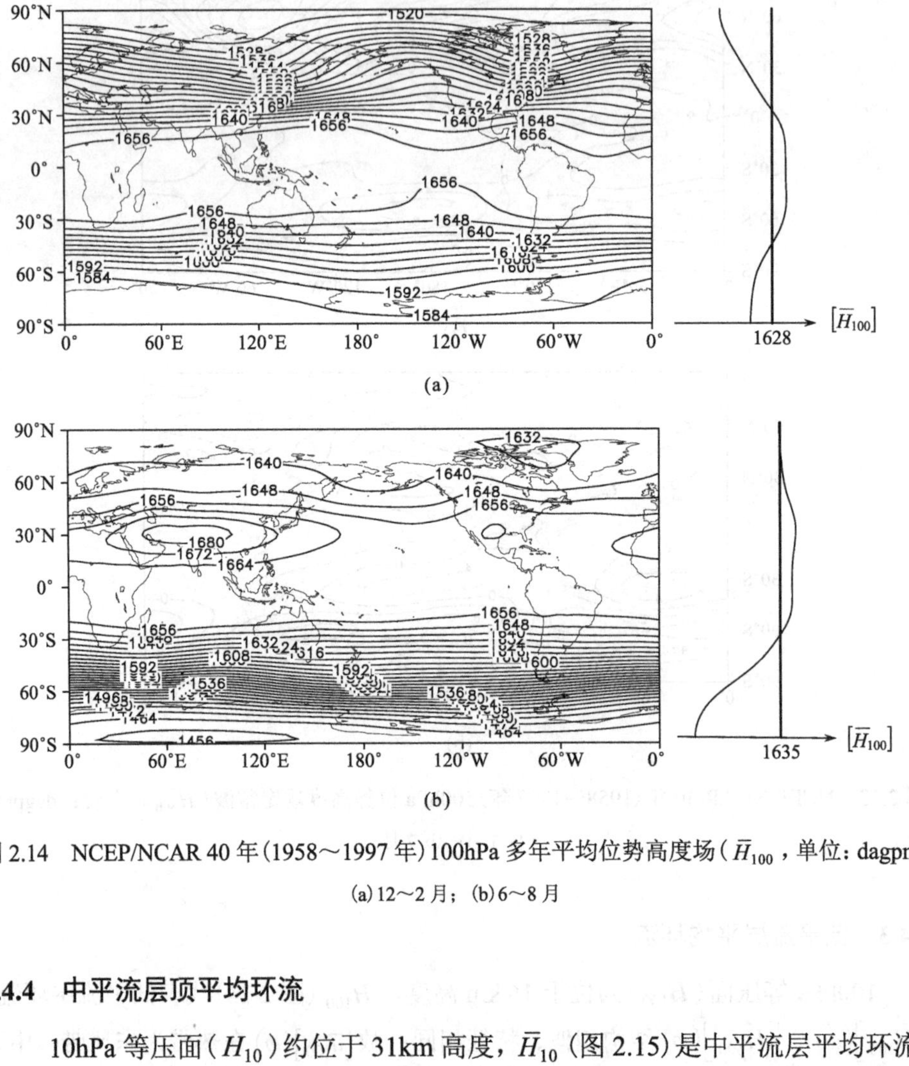

图 2.14　NCEP/NCAR 40 年(1958～1997 年)100hPa 多年平均位势高度场($\bar{H}_{100}$，单位：dagpm)

(a) 12～2 月；(b) 6～8 月

2.4.4　中平流层顶平均环流

10hPa 等压面(H_{10})约位于 31km 高度，$\bar{H}_{10}$(图 2.15)是中平流层平均环流。$[\bar{H}_{10}](\varphi)$ 图与 $[\bar{H}_{100}](\varphi)$、$[\bar{H}_{500}](\varphi)$ 图的显著变化是极大值出现在夏半球极地，整个夏半球被一个高压控制，对应 $[\bar{u}_{10}](\varphi)$ 全为东风；冬半球 $[\bar{H}_{10}](\varphi)$ 图与 $[\bar{H}_{100}](\varphi)$、$[\bar{H}_{500}](\varphi)$ 图类似，有副高带与极涡，对应 $[\bar{u}_{10}](\varphi)$ 图上仍有两个风

带。$\left[\bar{H}_{10}\right](\varphi)$、$[\bar{u}_{10}](\varphi)$图的上述特征在中平流层普遍存在，这可从$[\bar{u}]$图(图 2.4)上得到验证。夏半球中平流层控制系统发生根本变化的原因，与中、高纬日照时间冬短夏长巨变及 O_3 在极区中平流层密度达极大有关。由图 2.16，O_3 最大浓度出现在 20～25km 层，夏季 O_3 直接吸收太阳短波辐射加热该层大气。北半球$\left[\bar{H}_{10}\right](\varphi)$高于同一季节南半球。$\bar{H}_{10}$ 上，夏半球等高线较冬半球稀疏，原因同前；等高线几乎与纬线平行，定常波极弱，原因是对流层定常波不能上传入东风控制的中平流层。北半球冬季热带外区域定常波 1、2 波特征明显，主脊在太平洋所在经度，纬向海陆分布不均匀性的影响明显。

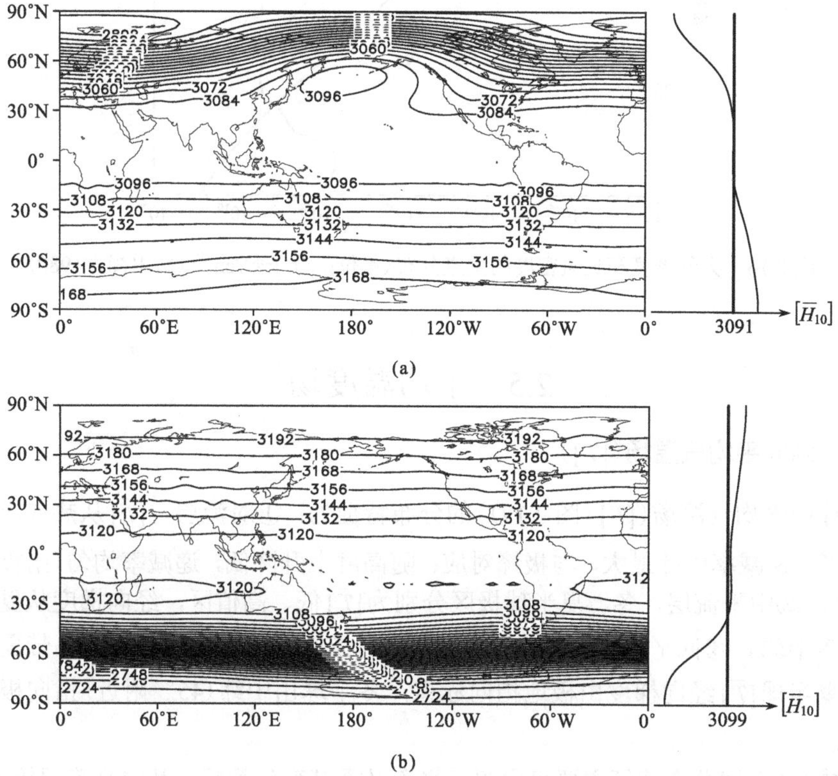

图 2.15　NCEP/NCAR 40 年(1958～1997 年)10hPa 多年平均位势高度场($\bar{H}_{10}$，单位：dagpm)

(a) 12～2 月；(b) 6～8 月

综上，风压场基本形态由纬向均匀环流加扰动(即定常波)构成。它们随高度、季节变化及其半球际差异的特点可简要归纳为：①环流结构由下而上渐趋简单，在气候风压场形态、纬向平均廓线及风、压场定常波波数上均有明显反映。②季节变化表现为：环流强度冬强夏弱(纬向均匀、定常波)；热带外中平流层环流随季节发生质变(冬季气旋、夏季反气旋)。③半球差异表现为：南半球较北半球环流的纬向均匀性强、定常波弱；南半球自由大气等压面平均高度较北半球低，是冷半球。它们充分显示了控制大气环流基本因子对大气环流的深刻影响。

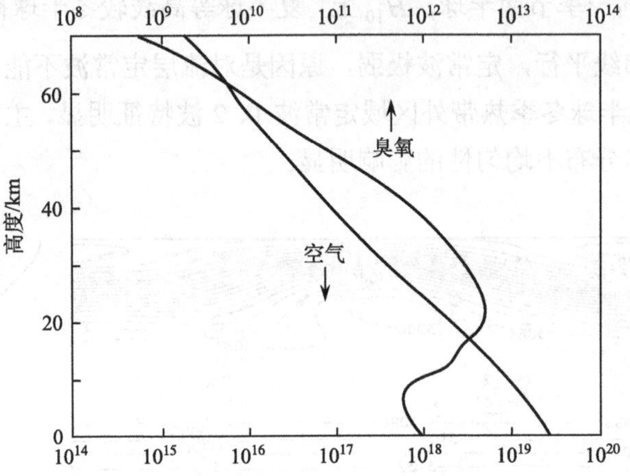

图 2.16　大气密度和臭氧密度的垂直分布(单位：分子数/cm^3)(新田尚，1980)

2.5　平均温度场

2.5.1　纬向平均气温场($[\bar{T}]$)

纬向平均气温场($[\bar{T}]$(图 2.17))的分布特征为：①对流层，$[\bar{T}]$从热赤道向两极降低，递减率中纬最大，与极锋对应；随高度上升降低，递减率均匀(南极低层虚假)。②中平流层，冬、夏半球极区分别为$[\bar{T}]$低、高值区，经向梯度从夏半球指向冬半球。③低平流层，热带全年为$[\bar{T}]$的极低值区，中心偏于内热带夏半球侧；夏半球$[\bar{T}]$经向梯度由极地指向赤道，冬半球由中纬(45° 附近)指向极区、赤道。

$[\bar{T}]$的上述分布特征主要可由辐射平衡及季节变化解释，其中平流层极区高、低值区还与O_3等温室气体存在有关，而热带低平流层极低值区则与 Hadley 环流上升支降温有关。$[\bar{T}]$的分布特征与$[\bar{u}]$(图 2.4)中对流层顶西风急流、平流层极夜急流和东风急流关系，符合热成风关系。

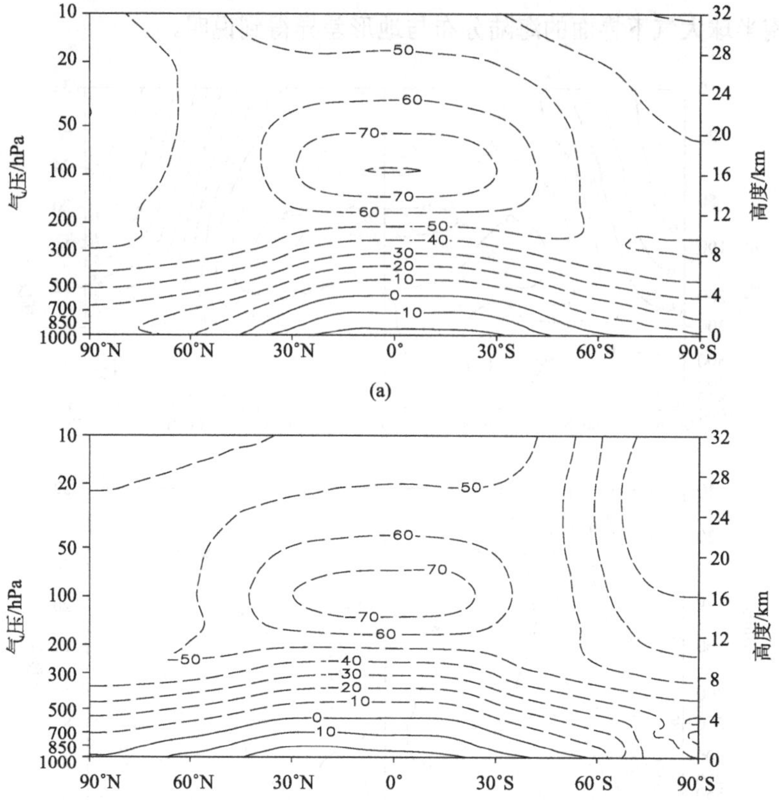

图 2.17　NCEP/NCAR 40 年(1958～1997 年)纬向平均温度分布图($[\bar{T}]$，单位：℃)

(a) 12～2 月；(b) 6～8 月

由$[\bar{T}]$图求得两张差值图$\Delta_1[\bar{T}]$、$\Delta_2[\bar{T}]$(图 2.18)。其中，季年较差图$\Delta_1[\bar{T}]$(图 2.18(a))定义为相同格点上夏季$[\bar{T}]$减冬季之差，可见：北、南半球热带(30°S～30°N)外大部分大气$[\bar{T}]$夏季明显高于冬季，极大正值出现在北半球该区域和南北半球极区的近地面层以及中平流层极区，极值南半球明显大于北半球；北、南半球热带区域大气大部分(从 p 坐标观察)为正值区，明显的负值区出现在南半球热带副热带平流层(100hPa 附近)。季半球际较差图$\Delta_2[\bar{T}]$(图 2.18(b))定义为北半球$[\bar{T}]$减相同季节以赤道为对称的格点上的南半球$[\bar{T}]$之差，可见：冬季，北半球的中高纬对流层上部至平流层和极地对流层下部$[\bar{T}]$明显高于南半球，中纬度对流层和热带副热带对流层上部至平流层$[\bar{T}]$则低于南半球。夏季，北半球中高纬对流层下部及热带平流层$[\bar{T}]$明显高于南半球，但半球际差异不如冬季极地地区大。由此可见，北半球为暖半球，南半球为冷半球。$\Delta_1[\bar{T}]$、$\Delta_2[\bar{T}]$的分布特征，可以从北、南半球大气下界面的海陆分布与地形差异得到说明。

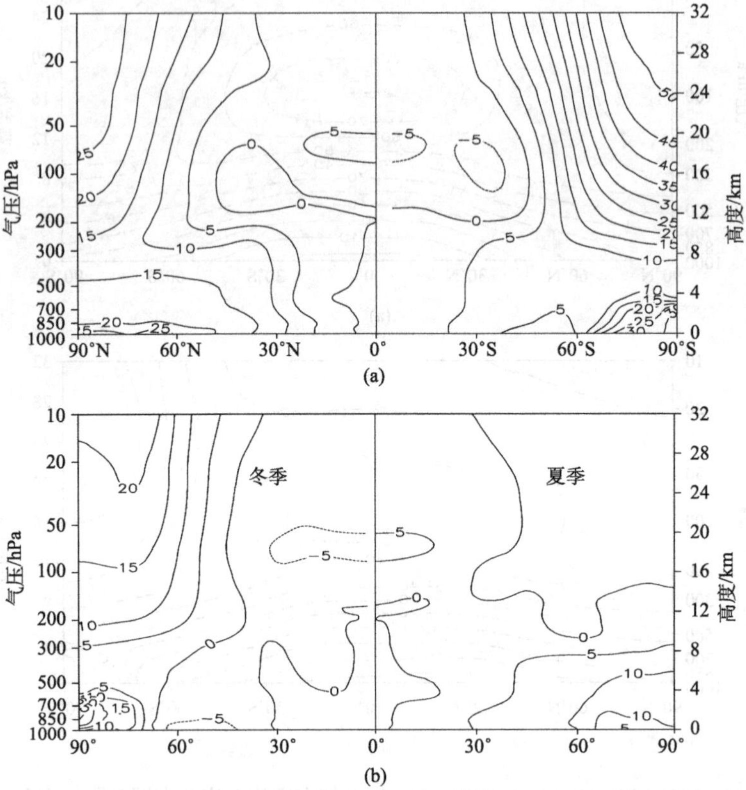

图 2.18　NCEP/NCAR 40 年(1958～1997 年) $[\overline{T}]$ 的季节差异分布图(单位：℃)

(a)夏季与冬季之差；(b)同季北半球与南半球之差

2.5.2　地面气温场($\overline{T}_0^*$)

地面气温场 $\overline{T}_0^*$ (图 2.19)是地面大气温度场的定常波图，其大势由海陆分布、洋流和季节决定。

北半球冬季，中高纬有两个强冷中心(简记为 C)，均位于大陆东部，与图 2.10 上大陆冷高(CH)对应；两个强暖中心(简记为 W)位于北半球中高纬的北大西洋、北太平洋上，与海洋冬季为热源及暖洋流(墨西哥湾流、黑潮)有关，与暖低(WL)对应。夏季，W 中心移至亚洲、北美大陆南部，与大陆 L(图 2.10)对应； C 中心位于大洋上，相应有冰岛 WL、阿留申 WL 消失。南半球副热带地面全年 W、C 中心与海平面气压场(图 2.10)上 H、L 配置一致。

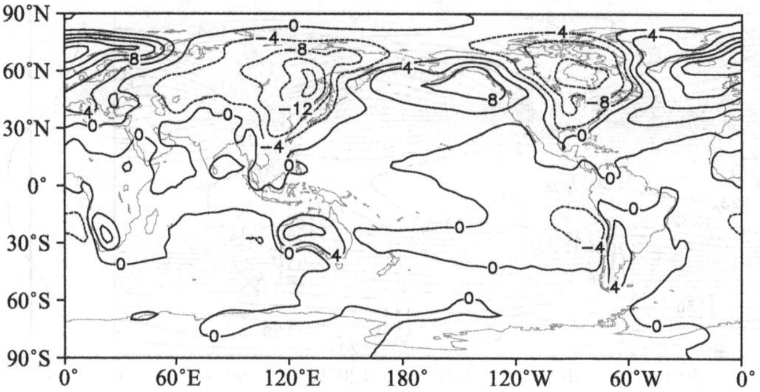

(a)

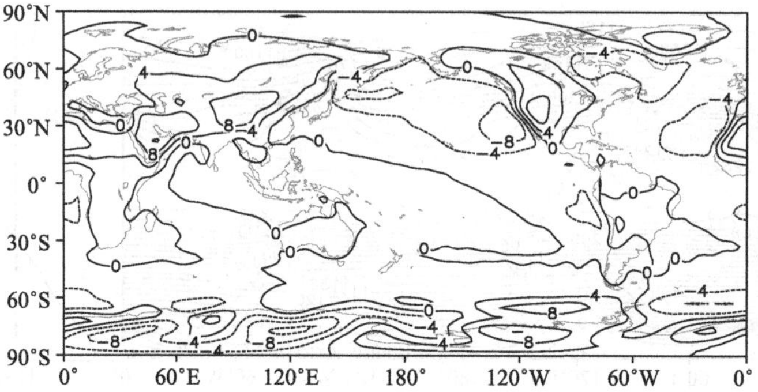

(b)

图 2.19　NCEP/NCAR 40 年(1958～1997 年)地面气温定常波场($\bar{T}_0^*$，单位：℃)

(a) 12～2 月；(b) 6～8 月

半球际差异：$\bar{T}_0$ 场中冬、夏季北半球定常波远强于南半球，是北半球 $\overline{H}$ 场中定常波明显强于南半球的原因。显然，地面不均性的半球际差异是 $\bar{T}_0$、$\overline{H}$ 场定常波半球际差异的根本。

2.5.3　对流层平均厚度场($\overline{OT}_{1000}^{200}$)

对流层平均厚度场 $\overline{OT}_{1000}^{200}$ (图 2.20)近似给出对流层整层平均温度分布。其上，北半球冬、夏均为两槽两脊，由纬向海陆分布决定；槽脊位置冬、夏近乎相反，由海陆冬、夏相对冷暖决定；等厚度线冬密夏疏，由极赤温差季节变化决定；夏季南亚-北非暖区与低纬陆块和青藏高原是该季强热源有关。南半球全年无明显定常波，与下垫面纬向均匀有关。无论冬、夏，北半球纬度 φ 处厚度均较南半球大，故北、南半球分别为暖、冷半球。

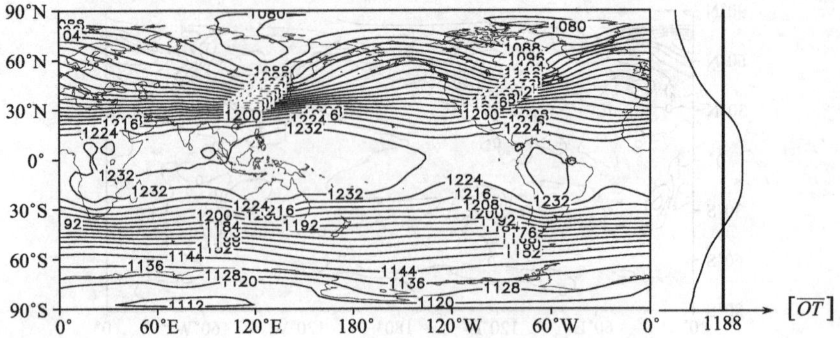

(a)

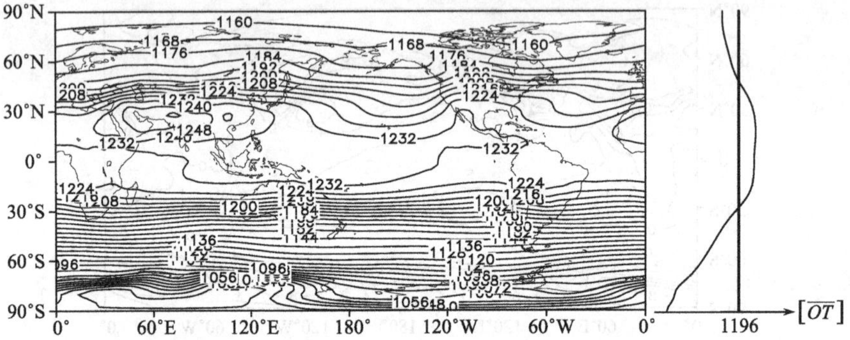

(b)

图 2.20　NCEP/NCAR 40 年(1958～1997 年)对流层平均厚度场($\overline{OT}_{1000}^{200}$，单位：dagpm)

(a)12～2 月；(b)6～8 月

2.5.4　平流层平均厚度场($\overline{OT}_{200}^{10}$)

平流层平均厚度场$\overline{OT}_{200}^{10}$(图 2.21)近似给出了中、低平流层整层平均温度分布。定常波主要出现在冬半球中纬度，且以 1 波为主；北、南半球最强厚度中心(即暖中心)位于太平洋西北部、澳大利亚大陆以南洋面，北半球强于南半球。$\overline{OT}_{200}^{10}$显示，最强冷、暖带位于冬、夏半球极地，与极夜、极昼对应；次强冷、暖带位于热带、冬半球中纬，与$\overline{OT}_{1000}^{200}$(对流层)相比，除冬半球极区外均相反。

$\overline{OT}_{200}^{10}$随φ的变化与$[\overline{u}]$图上中平流层的极夜急流、热带东风急流和夏半球东风带的关系，与热成风原理一致。①

① $\overline{OT}_{200}^{10}$ 与 $\overline{H}_{10}$ (图略)形势很相似，$\overline{OT}_{1000}^{200}$ 形势与 $\overline{H}_{200}$ (图略)形势很相似。这是因为 $\overline{OT}_{200}^{10}=\overline{H}_{10}-\overline{H}_{200}$，$\overline{OT}_{1000}^{200}=\overline{H}_{200}-\overline{H}_{1000}$，而 $\overline{H}_{10}$ ($\overline{H}_{200}$)上的定常波远强于 $\overline{H}_{200}$ ($\overline{H}_{1000}$)上的定常波(等压面上定常波强弱用等压

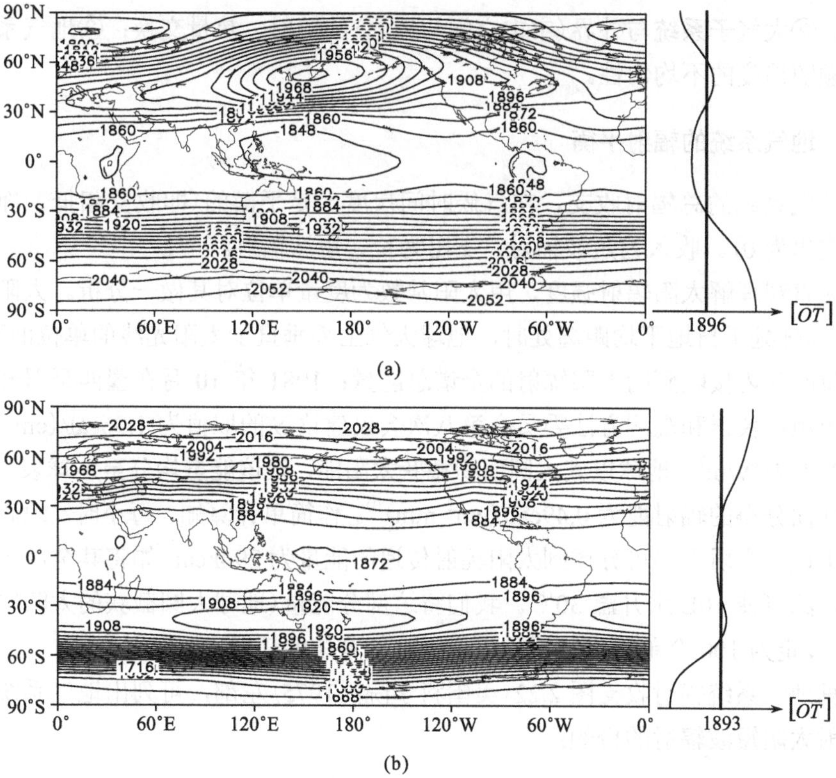

图 2.21　NCEP/NCAR 40 年(1958～1997 年)中低平流层平均厚度场($\overline{OT}_{200}^{10}$，单位：dagpm)

(a)12～2 月；(b)6～8 月

综上所述，气温场随高度升高，定常波结构趋简，强度减弱。平、对流层纬向平均温度存在巨大差异。气温场形成受制于 2.1 节基本控制因子，它与风压场关系受制于热成风方程与静力方程。

2.6　地气系统辐射收支及热量交换

辐射是地气系统与宇宙空间唯一有意义的能量交换方式；太阳能量以短波辐射形式进入宇宙空间，被地球截获的部分成为大气、海洋环流的原动力。但作为地气系统子系统的大气，其能量却主要通过地面长波辐射、潜热输送和感热输送三种方式从地面获得。本节基于已有观测事实讨论三个问题：①地气系统的辐射

面起伏的平均大小定义)；故 $\overline{OT}_{200}^{10}$ 、 $\overline{OT}_{1000}^{200}$ 形势(它由定常波决定)与 $\overline{H}_{10}$ 、 $\overline{H}_{200}$ 相似。

平衡；②大气子系统与外界(宇宙空间与地面)的辐射、热量交换；③地气系统辐射差额随纬度的不均匀性。

2.6.1 地气系统的辐射平衡

地气系统的总辐射收支，在气候时间尺度上是平衡的(即收支相抵，净收入或净支出为0)。收入为短波辐射，支出为长、短波辐射。

为直观理解太阳辐射强度，用太阳常数为度量单位对其做一分析。太阳常数S，是地球处于日地平均距离处时，地球大气上界垂直于太阳光线的单位面积上，在单位时间内接收到的太阳辐射的全谱总能量；1981年10月在墨西哥召开的世界气象组织仪器和观测方法委员会第八次会议建议S的取值为1.96cal/$(cm^2 \cdot min)$或$(1367\pm7)\,W/m^2$。地球以其大圆面积截获太阳能，设该能量均分至地球表面，则单位球面分得的辐射能为0.49cal/$(cm^2 \cdot min)$[①]。作简单计算知，每小时、地表每平方米上地气介质平均可分摊到太阳辐射传递的能量为294kcal；如将其全部转化为热量，约可使10L水升温30℃。我们将这部分能量(地球大圆截获的太阳辐射总能量)设定为100个单位，分析其作用于地气系统的情况。

据地气系统辐射收支图2.22(美国科学院，1975)左部，可列出地气系统吸收和反射太阳短波辐射的份额：

- 吸收 70
  - 大气 19
    - 云 3
    - H_2O、O_3等 16　(参与地气系统过程)
  - 地面 51
- 反(散)射 30
  - 大气 26
    - 空气散射 6
    - 云反射 20　(未参与,仅起亮化作用)
  - 地面反射4

而据图2.22右部，被地气系统吸收的太阳短波辐射(70个单位)全部以长波辐射形式通过大气顶返回宇宙空间；其中，经大气放射回宇宙空间的长波辐射为64个单位，由地面直接放射回宇宙空间的长波辐射为6个单位。故地气系统辐射净收入为0。

① 因球面积为大圆面积4倍，故此值为$S/4$。

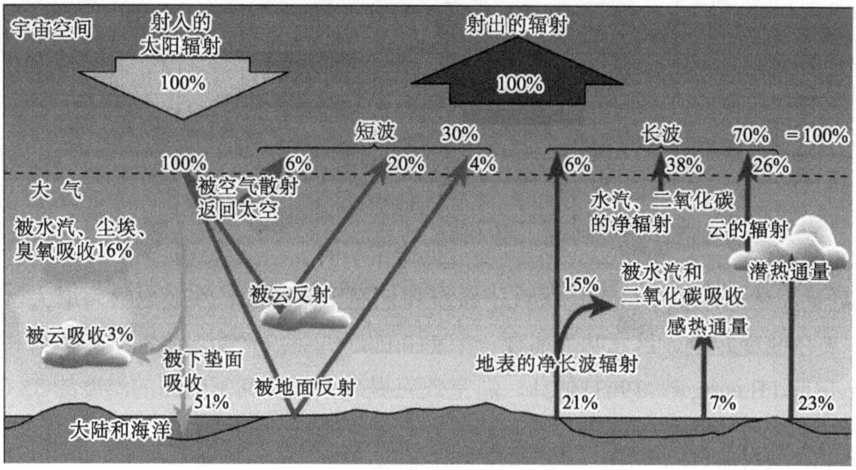

图 2.22　地气系统年平均辐射和热量收支

2.6.2　大气子系统与外界(地面、宇宙空间)的辐射、热量交换

1) 不考虑温室效应的分析

据图 2.22 右部是未计及大气的温室效应(greenhouse effect)时的大气子系统辐射和热量平衡，此时，大气子系统的辐射和热量收支为[①]

- 收入 64
  - 直接吸收 19
    - 云　3
    - H_2O、O_3等　16
  - 地面　45
    - 净长波辐射　15
    - 感热　7
    - 潜热　23
- 支出长波辐射 64
  - H_2O、CO_2、空气及其他成分　38
  - 云　26

2) 考虑温室效应的分析

图 2.23 考虑了主要由大气中的 H_2O、CO_2 引起的大气温室效应，此时，大气子系统的辐射、热量收支为

① 6 个单位的地面净长波辐射穿透大气直接进入宇宙空间，未参与大气过程。

收入 163	太阳短波辐射		18
	地面	长波辐射	112
		潜热	23
		感热	10
支出长波辐射 163	向地面		93
	向宇宙空间		70

可见，考虑温室效应后，大气子系统和地面子系统的长波辐射显著增大。按斯蒂芬-玻尔兹曼定理，这意味着需要一个更高的地气系统平衡温度。据弗莱格和布森(Fleagle and Businger，1963)估计，温室效应提高大气及其下垫面的温度约35℃。

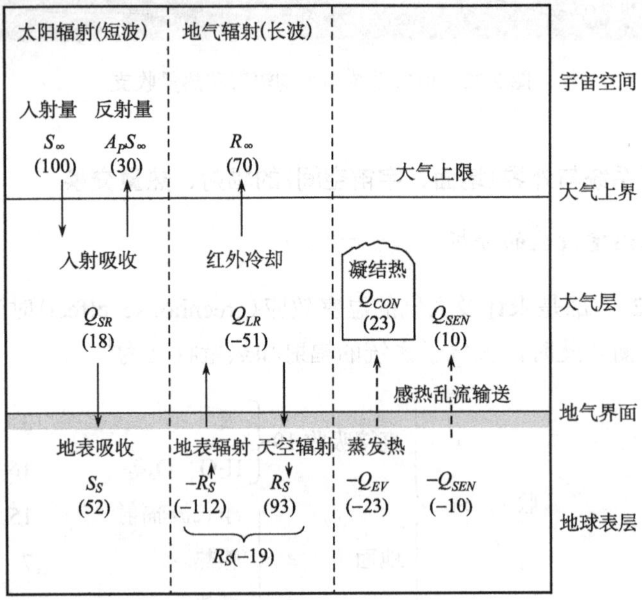

图 2.23　地球表层、大气的平均辐射和热量收支，计量单位同图 2.22(Fleagle and Businger，1963)[①]

2.6.3　地气系统辐射差额随纬度分布的不均匀性

地气系统的辐射差额定义为

$$Q_R = S_\infty(1-\alpha_{ea}) - R_\infty$$

式中，S_∞为太阳短波辐射；α_{ea}为地气系统反照率；R_∞为地气系统向宇宙空间的长波辐射。按辐射平衡要求，全大气平均的Q_R应为0。

① 图 2.22 和图 2.23 的来源不同，其基本参数存在差异，不能作简单的相互比较。

上式也可作为某纬带地气系统辐射差额定义式，此时，式中 Q_R、S_∞、α_{ea}、R_∞ 均为纬度 φ 的函数，$Q_R(\varphi)$ 一般也不为 0。

卫星观测的事实(图 2.24)是：全年平均而言，低纬(约 40°S～35°N)地气系统吸收的短波辐射能量 $S_\infty(1-\alpha_{ea})$ 大于放出的长波辐射能量 R_∞，$Q_R>0$，故低纬地气系统经辐射净获得能量；中、高纬(约 40°S 以南、35°N 以北) $R_\infty > S_\infty(1-\alpha_{ea})$，$Q_R<0$，故中、高纬地气系统经辐射净失去能量。

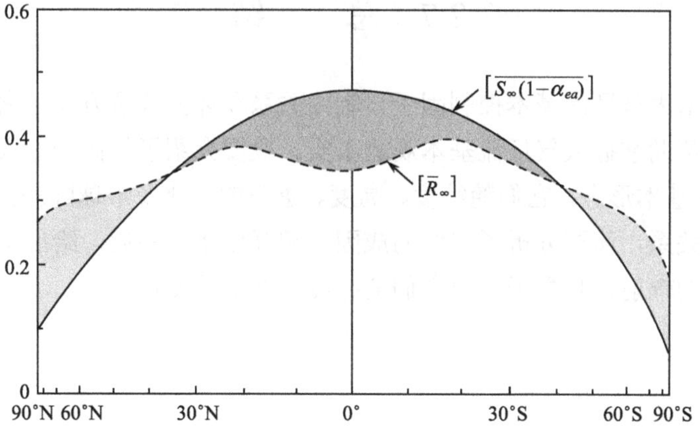

图 2.24　地气系统气候全年纬向平均辐射收 $\left[\overline{S_\infty(1-\alpha_{ea})}\right]$、支 $\left[\overline{R}_\infty\right]$ 随纬度分布图 (单位：cal/(cm^2·min))(片山昭，1974)

实线为地气系统的日射吸收，虚线为地气系统的射出长波辐射

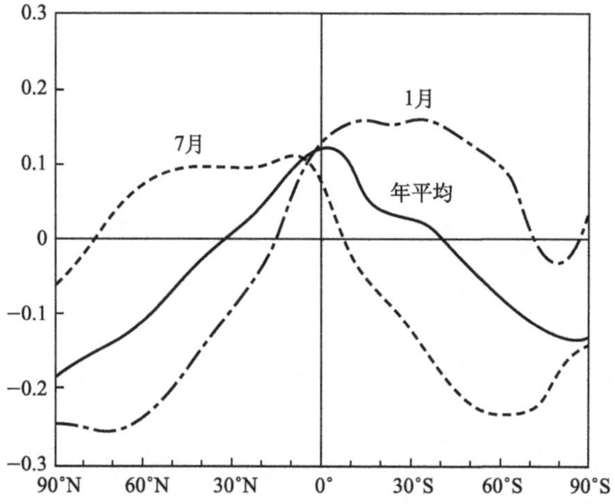

图 2.25　年、月纬向平均地气系统辐射差额 $\left[\overline{Q}_R\right]$ 随纬度的分布(单位：cal/(cm^2·min))(片山昭，1974)

实线为年平均，点划线为 1 月份，虚线为 7 月份

由图 2.25 知，$\left[\bar{Q}_R\right]$随季节的变化很大。1 月、7 月净辐射分别主要由南、北半球地气系统获得，这决定了地气系统温度随纬度、季节的变化，也决定了它们的半球际差异。

辐射差额 Q_R 随纬度的不均匀分布，决定了地气系统应当有热量从低纬向中、高纬输送，它通过海洋环流和大气环流共同完成。

2.7 总　　结

本章给出大气环流基本控制因子、制约关系和环流分解方案，它们从本质和现象两方面帮助掌握大气环流基本观测事实。概要介绍了气候全球大气环流(风、压、温场)的基本形态，它们随纬度、高度、季节的变化及半球际差异；根据控制因子、制约关系，简要分析了它们的成因、相互联系。最后，给出了地气系统、大气子系统的辐射、热量平衡及它们随纬度、季节的变化。

第 3 章　大气中的角动量平衡

大气环流研究的一个重要任务是阐明大气环流(它们由基本观测事实给出)的维持机制。根据大气动力学、热力学、能量学等方程，用实际资料作诊断分析，简称动力诊断，它是大气环流维持机制的基本研究方法。我们在第 3～5 章介绍此类工作的最基本部分。

本章的目的是解释平均纬向环流$[\overline{u}]$ (图 2.4)的维持机制，包括其上的东、西风带和急流。为何通过"角动量"而不通过"动量"来研究$[\overline{u}]$？这是因为，由$[\overline{u}]$决定的运动本质上是绕地轴的转动运动，它遵循转动坐标系(它是非惯性系)中的绝对角动量守恒定律，通过角动量研究其维持机制，简明扼要。

3.1　角动量及相关物理定律

在力学中，关于转动运动，有一组可与平动运动相类比的物理量和物理定律。对$[\overline{u}]$维持的讨论，只涉及绕地轴方向(北极为正)的转动，用到的转动定律可简化表述如下：绕固定轴转动的与轴相距 R、质量为 m 的质点，其转动惯量 I、角速度 Ω、角动量 M 与平动运动中质点的质量 m、速度 u、动量 p 相当，力矩 Γ 对转动运动的作用与力 F 对平动运动的作用相当；表 3.1 简要给出它们的对应关系。

表 3.1　转动和平动运动中物理量对比

运动类型	惯性	运动速率	运动量	作用
转动运动	I (转动惯量)	Ω (角速度)	M (角动量)	Γ (力矩)
平动运动	m (质量)	u (速度)	p (动量)	F (力)

1) **物理量**

对图 3.1 的转动系统，其转动惯量 I、角速度 Ω、角动量 M、力矩 Γ 定义为

$$
\begin{aligned}
&I = mR^2 \\
&\Omega = u / R \\
&M = I\Omega = mRu \\
&\Gamma = RF
\end{aligned}
\tag{3.1}
$$

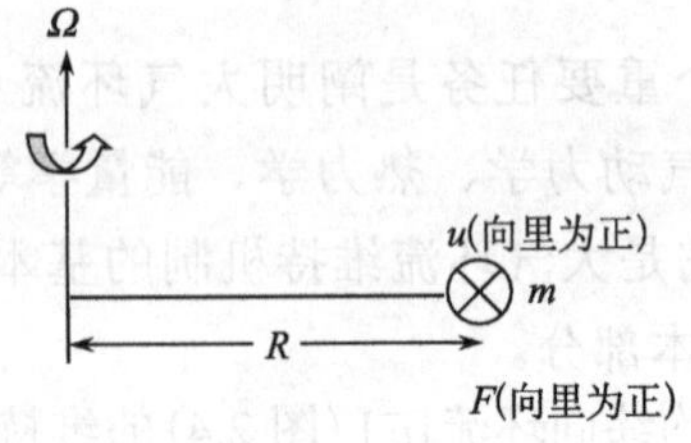

图 3.1　绕轴转动运动示意图

2）物理定律

Γ 与 M 时间变率的关系为

$$\Gamma = \mathrm{d}M/\mathrm{d}t \tag{3.2}$$

它相当于平动运动中的牛顿第二定律 $F = \mathrm{d}p/\mathrm{d}t$ 。由（3.2）式，当 $\Gamma = 0$ 时，转动系统的角动量守恒；相当于 F=0 时，平动系统的动量守恒。

设 $\varphi = 30°\mathrm{N(S)}$ 处，气块相对地面静止，则其相对运动速度的纬向分量 u=0，自转牵连速度 $u_\Omega = R\Omega = 402\mathrm{m/s}$ ，绝对速度 $u_a = u_\Omega + u = 402\mathrm{m/s}$ 。按转动运动中角动量守恒定律，该气块不受力矩作用（$\Gamma = 0$）移动至赤道时，其绝对速度 $u'_a = 348\mathrm{m/s}$ ，而赤道处自转牵连速度 $u'_\Omega = 465\mathrm{m/s}$ ，故该气块相对运动速度的纬向分量 $u' = -116\mathrm{m/s}$（四舍五入后的结果）。而按平动运动中动量守恒定律，气块不受力作用（F=0）移动至赤道时，其 $u' = -62\mathrm{m/s}$（Hadley 法估计值）。因此，Lorenz 称 Hadley 估计的信风东风速率理论值约为正确值的一半。

3.2　角动量连续方程

在以地心为原点的绝对坐标系中，位于纬度 φ、高度 z 处以 x 方向风速 u 运动的单位质量空气块绕地轴转动的绝对角动量为

$$M = (a+z)\cos\varphi[u + \Omega(a+z)\cos\varphi] \tag{3.3a}$$

式中，$a+z$ 为空气块距地心的距离，a 是地球半径；Ω 为地转角速度。因 99%以上的空气质量在海拔 31km（约对应 10hPa 等压面）以下，故 $z/a<10^{-2}$；而 u 的观测

相对误差高于 10^{-2}，故可以忽略(3.3a)式右端的 z，得

$$M = a\cos\varphi(u + \Omega a\cos\varphi) \tag{3.3b}$$

可见，绝对角动量 M 由相对角动量 $M_u = au\cos\varphi$ 和牵连角动量 $M_\Omega = \Omega a^2\cos^2\varphi$ 两部分组成。φ 纬度处气块相对角动量 $M_u = au\cos\varphi$ 取决于纬向风速 u，亦称 u 角动量；牵连角动量 $M_\Omega = \Omega a^2\cos^2\varphi$ 取决于地球自转角速度 Ω，亦称 Ω 角动量。

另外，在绝对坐标系中，单位质量空气块的运动方程为

$$\frac{\mathrm{d}\boldsymbol{V}_a}{\mathrm{d}t} = -\frac{1}{\rho}\nabla p + \boldsymbol{g}' + \boldsymbol{F} \tag{3.4}$$

式中，$\boldsymbol{V}_a$ 为绝对速度；ρ 是大气密度；$-\frac{1}{\rho}\nabla p$ 为气压梯度力；$\boldsymbol{g}'$ 为地心引力；$\boldsymbol{F}$ 为摩擦力。(3.4)式右端只有沿 x 方向的气压梯度力和摩擦力分量之和 $-\frac{1}{\rho}\frac{\partial p}{\partial x} + F_\lambda$ 能产生改变 M 的外力矩，它们产生的沿地轴方向(北极为正)的力矩为

$$\Gamma = a\cos\varphi\left(-\frac{1}{\rho}\frac{\partial p}{\partial x} + F_\lambda\right) = -\frac{1}{\rho}\frac{\partial p}{\partial x}R + F_\lambda R \tag{3.5}$$

式中，$R = a\cos\varphi$ 是气块离地轴的距离。

将(3.5)式代入(3.2)式得

$$\frac{\mathrm{d}M}{\mathrm{d}t} = -\frac{1}{\rho}\frac{\partial p}{\partial x}R + F_\lambda R \tag{3.6}$$

这是 φ 纬度处、单位质量空气块对地轴绝对角动量的个别变化方程。它表明，M 的个别变化取决于它所受到的沿地轴方向的气压梯度力矩与摩擦力矩之和。

以密度 ρ 乘(3.6)式，利用连续方程 $\frac{\mathrm{d}\rho}{\mathrm{d}t} = -\rho\nabla\cdot\boldsymbol{V}$，其左端为

$$\begin{aligned}\rho\frac{\mathrm{d}M}{\mathrm{d}t} &= \frac{\mathrm{d}\rho M}{\mathrm{d}t} - M\frac{\mathrm{d}\rho}{\mathrm{d}t}\\ &= \frac{\partial\rho M}{\partial t} + \boldsymbol{V}\cdot\nabla\rho M + M\rho\nabla\cdot\boldsymbol{V}\\ &= \frac{\partial\rho M}{\partial t} + \nabla\cdot\rho M\boldsymbol{V}\end{aligned}$$

代入(3.6)式，整理得单位体积空气的角动量连续方程(或倾向方程)

$$\frac{\partial\rho M}{\partial t} = -\nabla\cdot\rho M\boldsymbol{V} - \frac{\partial p}{\partial x}R + \rho F_\lambda R \tag{3.7}$$

方程(3.7)左端为单位体积空气块的绝对角动量局地变率；右端给出影响局地变率的三个因素：①绝对角动量通量($\rho M\boldsymbol{V}$)的辐合辐散，辐合为正，辐散为负；

②x 方向气压梯度力力矩的作用，气压梯度力向东力矩为正，向西力矩为负；③x 方向摩擦力力矩的作用，正负号与 F_λ 同。

3.3　极冠区大气的角动量倾向方程

将方程(3.7)对 φ 纬度以北的整个区域(称极冠区)大气求积分，得极冠区大气角动量倾向方程

$$\frac{\partial}{\partial t}\iiint \rho M \mathrm{d}\tau' = -\iiint \nabla\cdot\rho M\boldsymbol{V}\mathrm{d}\tau' - \iiint \frac{\partial p}{\partial x} R\mathrm{d}\tau' + \iiint \rho F_\lambda R\mathrm{d}\tau' \tag{3.8}$$

式中，左边为极冠区大气(总)角动量变率；右边第一项为极冠区大气角动量通量辐合辐散总和(记为 m)，第二项为 x 方向气压梯度力力矩的作用总和(记为 P)，第三项为 x 方向摩擦力力矩的作用总和(记为 F)；$\mathrm{d}\tau' = \mathrm{d}x\mathrm{d}y\mathrm{d}z$ 是球面局地直角坐标中的体元。下面利用图 3.2 分析(3.8)式右边各项的意义。

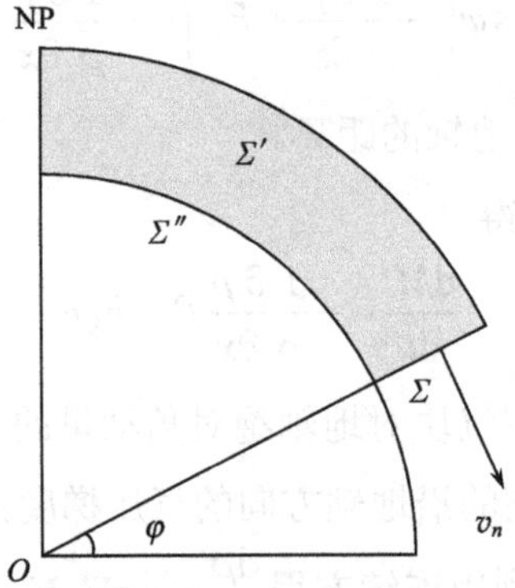

图 3.2　m、P、F 的积分域示意图

O 为地心，NP 为北极点

1) 角动量输送项

因极冠区大气与外界的空气质量交换仅发生在侧边界上，由高斯公式，(3.8)式右边第一项为

$$m = -\iiint \nabla\cdot\rho M\boldsymbol{V}\mathrm{d}\tau' = -\iint_\Sigma \rho M v_n \mathrm{d}\sigma = \iint_\Sigma \rho M v \mathrm{d}\sigma \tag{3.9a}$$

式中，Σ 为极冠区侧边界，是该处等 φ 面(以 O 为顶点的锥面)的地面以上部分；v 为经向风分量(它与侧边界 Σ 外法向分速 v_n 关系为 $v = -v_n$)。可见，m 是单位时

间内通过侧边界输入极冠区的绝对角动量净值(输入为正，输出为负)。

因为 $M = M_u + M_\Omega$[(3.3b 式)]，上式可写为

$$m = m_u + m_\Omega \tag{3.9b}$$

式中，$m_u = \iint\limits_{\Sigma} \rho M_u v \mathrm{d}\sigma$、$m_\Omega = \iint\limits_{\Sigma} \rho M_\Omega v \mathrm{d}\sigma$，它们分别是单位时间内通过侧边界 Σ 输入极冠区的 u 角动量、Ω 角动量的净值。

2) 山脉力矩项

将(3.8)式右端第二项改写为

$$P = -\iiint \frac{\partial p}{\partial x} R \mathrm{d}\tau' = -\iiint \frac{\partial p}{\partial x} R \mathrm{d}x\mathrm{d}y\mathrm{d}z = -\iint\limits_{\Sigma'} \left\{ R \oint \frac{\partial p}{\partial x} \mathrm{d}x \right\} \mathrm{d}y\mathrm{d}z$$

式中，Σ' 是 φ 纬度以北、地面以上的子午面。{　}内为 x 方向气压梯度力沿整个纬圈的积分，只有该纬圈上出现山脉阻挡时，它才有可能不为 0。

如图 3.3 所示，设穿过子午面上(y, z)点的纬线穿过山脉(阴影区)东、西侧点 A、B 的气压分别为 p_A、p_B，压差为 $p_A - p_B = \Delta p$(东侧气压减西侧气压)；全纬圈环路积分 $\oint \frac{\partial p}{\partial x} \mathrm{d}x = \int_A^B \frac{\partial p}{\partial x} \mathrm{d}x = p_B - p_A = -\Delta p$。于是

$$P = \iint\limits_{\Sigma'} R \Delta p \mathrm{d}y\mathrm{d}z \tag{3.10}$$

P 的正负一般取决于山脉所处风带，西风带($u>0$)时，$\Delta p<0$，P 为负，大气角动量减少；反之，$\Delta p>0$，P 为正，大气角动量增加。可见，P 是单位时间(s)内山脉东西侧压差产生的、作用于极冠区大气的力矩产生的 u 角动量总和。

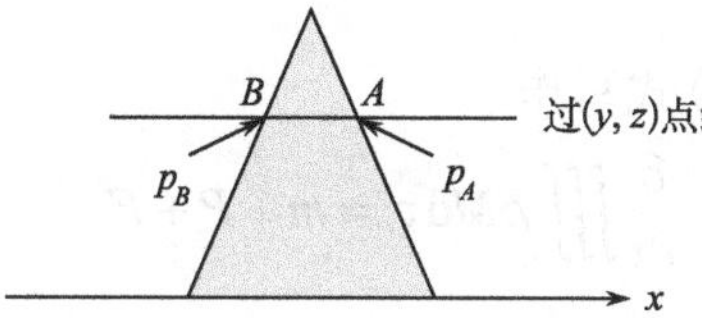

图 3.3　山脉阻挡引起的纬向压差

3) 摩擦力矩项

将(3.8)式右端第三项改写为

$$F=\iiint \rho F_{\lambda} R \mathrm{d}\tau' = -\iiint R\frac{\partial \tau_{zx}}{\partial z}\mathrm{d}x\mathrm{d}y\mathrm{d}z$$
$$=-\iint_{\Sigma''} R\left\{\int_0^{\infty}\frac{\partial \tau_{zx}}{\partial z}\mathrm{d}z\right\}\mathrm{d}x\mathrm{d}y$$
$$=-\iint_{\Sigma''} R\tau_{zx}\Big|_0^{\infty}\mathrm{d}x\mathrm{d}y$$

式中，$\tau_{zx}=\overline{\rho u'w'}$ 是单位时间内、通过单位面积水平面、由下而上的 x 方向湍流 u 动量的垂直通量。τ_{zx} 表示式中的 $\overline{\quad\quad}$、$'$ 是湍流尺度时间平均、脉动算符，它与 x 方向摩擦力 F_{λ} 间关系为

$$F_{\lambda}=-\frac{1}{\rho}\frac{\partial}{\partial z}(\overline{\rho u'w'})=-\frac{1}{\rho}\frac{\partial \tau_{zx}}{\partial z}$$

因大气上界无质量通过，$\tau_{zx\infty}=0$，故

$$F=\iint_{\Sigma''} R\tau_{zx0}\mathrm{d}x\mathrm{d}y \tag{3.11}$$

式中，Σ'' 是极冠区大气下界面(φ 以北地面)，τ_{zx0} 是单位面积大气下界面受到的沿 x 方向的切应力。当地面附近 $u>0$ 时，$\tau_{zx0}<0$，反之则 $\tau_{zx0}>0$。因此，F 是单位时间(s)内地面摩擦力作用于极冠区大气的力矩产生的 u 角动量总和。

P、F 产生于地球对与之接触的大气的 x 方向相对运动(u)的阻碍，总趋势是使 $|u|\to 0$，差别在阻碍物的尺度(P 是宏观的，F 是微观的)。这样看问题，有利于对角动量平衡作简要理解。

3.4　角动量平衡方程

至此，我们可以将(3.8)式写作

$$\frac{\partial}{\partial t}\iiint \rho M \mathrm{d}\tau' = m+P+F \tag{3.12}$$

它是极冠区大气绝对角动量变化方程，意义为极冠区大气角动量总量的变率，由单位时间内通过极冠区侧边界的绝对角动量输入、极冠区山脉力矩和摩擦力矩产生的 u 角动量三项之和决定。

对大气环流的定常状态(指气候态)，$\frac{\partial}{\partial t}\iiint \rho M \mathrm{d}\tau'=0$，有

$$m+P+F=0 \tag{3.13}$$

这就是角动量平衡方程。它虽然是对极冠区写出，但容易证明，它也适用于任意

纬带 $\varphi_1 \sim \varphi_2$、任意气层 $p_1 \sim p_2$ 间定常大气环流，只需对 Σ、Σ'、Σ'' 作相应改变。

按(3.13)式给出的角动量平衡原理，为了维持全球大气 $[\overline{u}]$（图 2.4）及地转的定常状态，图 3.4 的角动量交换(地气间)、输送(大气中)是必需的。由 P、F 定义式知，热带东风带大气受到来自地面的正力矩作用($P_0>0$、$F_0>0$)，得到西风角动量，这里是大气角动量源区；中、高纬西风带大气受到来自地面的负力矩作用($P_n<0$、$F_n<0$ 和 $P_s<0$、$F_s<0$)，失去西风角动量，这里是大气角动量汇区。如果大气中无角动量自热带东风带向中、高纬西风带纬度输送，必将导致东、西风带中 $[\overline{u}]$ 趋于 0，平均纬向环流将不复存在；因此，平衡要求在大气中必须有角动量自热带东风带向中、高纬西风带输送($m_n>0$、$m_s<0$)。另一方面，根据作用与反作用原理，热带东风带地面受到来自大气的负力矩作用($-P_0<0, -F_0<0$)，中、高纬西风带地面受到来自大气的正力矩作用($-P_n>0, -F_n>0$ 和 $-P_s>0, -F_s>0$)。在成立 $P_0+F_0=m_n-m_s=-(P_n+F_n)-(P_s+F_s)$ 情况下，平均纬向环流 $[\overline{u}]$ 及地球自转的定常态才得以维持。

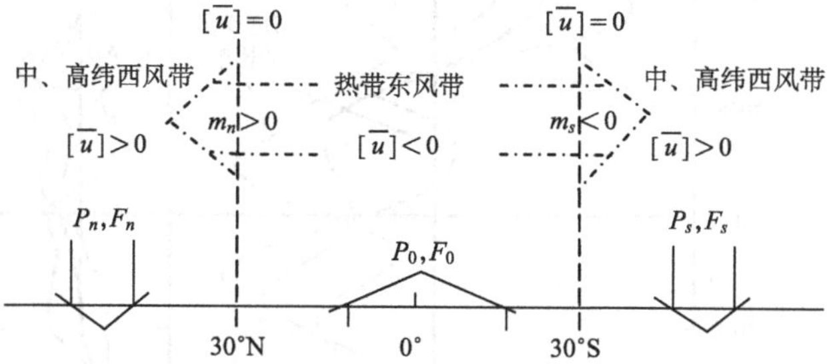

图 3.4　角动量交换(地气间)及输送(大气中)示意图

虚线为 $[\overline{u}]=0$ 线，即东、西风交界面

3.5　P、F 诊断结果

利用实测资料可以计算方程(3.13)中各项的值，据此可以作角动量平衡的动力诊断分析。P 的计算要求有全球精确的地形资料及气压观测资料，F 的计算涉及地面摩擦力估计，二者至今难以精确计算；这里用 White(1949)、叶笃正等(1958)和 Newell 等(1972，1974)早期研究工作，介绍山脉力矩 P、摩擦力矩 F 随纬度、季节的变化。m 的计算可以由等 φ 面上 u、v、ω 的瞬变序列按 2.2 节中通量分解方法求得，这将在 3.6 节中详细介绍。

1) P、F 随纬度、季节的变化

图 3.5 为总力矩 $P+F$、山脉力矩 P 随纬度、季节的变化。由图 3.5(a)、(b)的比较知，F 的绝对值明显大于同纬 P 值；这是因为 F 处处均存在，P 只存在于山脉所在处。由图 3.5(a)，$P+F$ 的正负取决于该纬度所处风带(西风处为负，东风处为正)。年平均总力矩在南北纬 15°、40° 处达正、负极值；南半球中、高纬季节变化小，热带及北半球热带外区域存在明显季节变化，北半球热带纬度 6～8 月总力矩由 12～2 月的正转为负，主要原因是该纬度印度洋、亚洲低纬地区(包括青藏高原南部)6～8 月转为西南季风(图 2.10)。

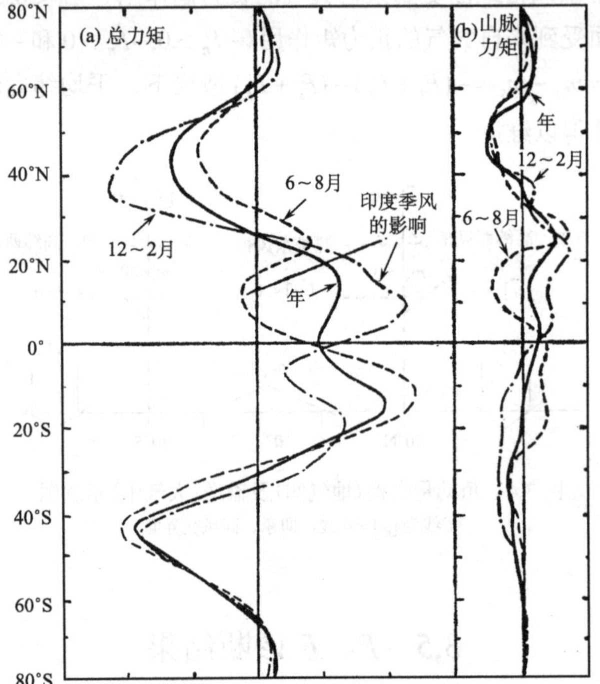

图 3.5　力矩随纬度、季节的变化(单位：$10^{18}\,kg\cdot m^2/s^2$) (White，1949)

(a) $P+F$；(b) P

2) 山脉力矩 P 随纬度、月份的变化

图 3.6 详细地给出了北、南半球 P 随纬度、月份的变化。

图 3.6(a)中，北半球热带、副热带和高纬度东风带(冬季宽、夏季窄)中，山

脉力矩为正，大气得到西风角动量；中纬度西风带(夏季宽、冬季窄)中，山脉力矩为负，大气失去西风角动量。北半球夏季低纬山脉力矩为负，它是西南季风的影响。

图 3.6(b)中，南半球山脉力矩绝对值小于北半球；夏季(12～2 月)低纬山脉力矩为正值，南半球大气得到西风角动量；而冬季(6～8 月)以负值为主，大气失去西风角动量。

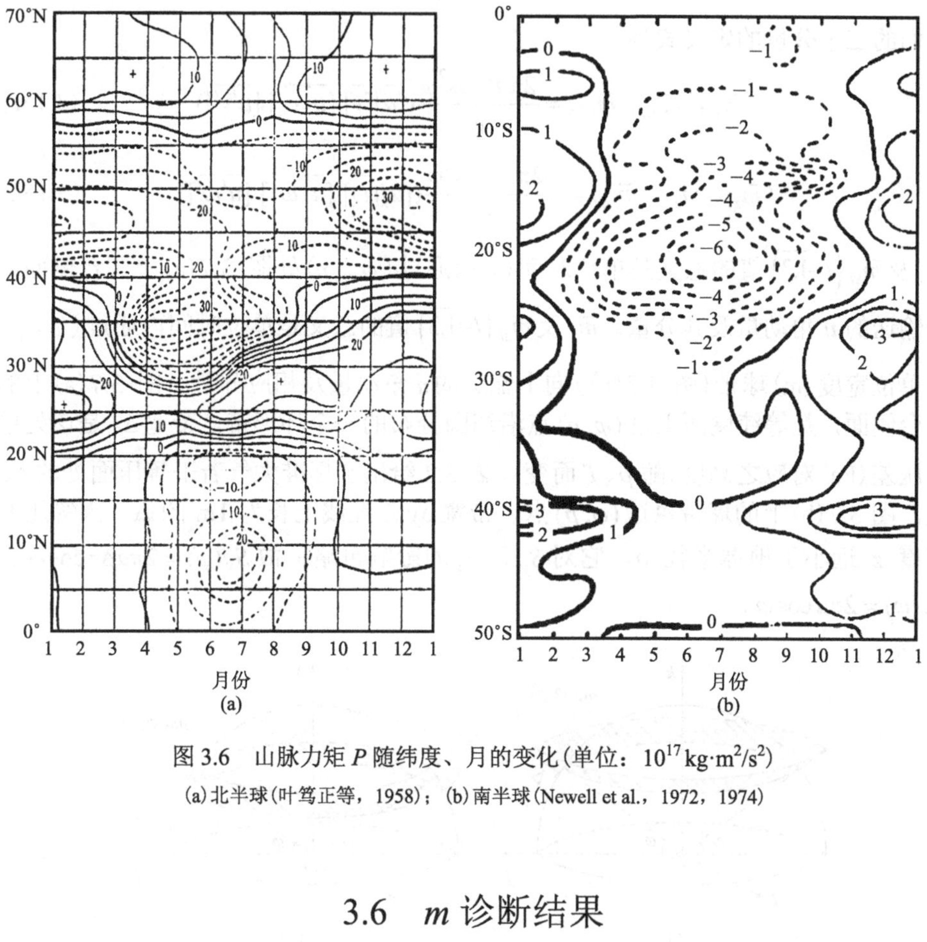

图 3.6　山脉力矩 P 随纬度、月的变化(单位：$10^{17}\,kg\cdot m^2/s^2$)

(a)北半球(叶笃正等，1958)；(b)南半球(Newell et al.，1972，1974)

3.6　*m* 诊断结果

3.6.1　*u* 角动量输送

用 1958～1997 年 12～2 月、6～8 月的 NCEP/NCAR 逐日 4 次全球 u、v(1000～10hPa、17 层)、ω(1000～100hPa、12 层)瞬时场再分析资料，按 2.2 节物理量通量分解方法，分三步(t_y 年瞬时月均值、t_y 年季均值、季多年平均值)求得了 u 角动

量向北、向上输送通量的气候值 $\overline{m}_y$、$\overline{m}_z$，以及它们的平均经圈环流输送分量 $\overline{m}_{y1}$、$\overline{m}_{z1}$，定常波输送分量 $\overline{m}_{y2}$、$\overline{m}_{z2}$，瞬变波通量分量 $\overline{m}_{y3}$、$\overline{m}_{z3}$。注意，本小节的 m 是 u 角动量输送通量 m_u。向北、向上 u 角动量通量的定义式为

$$\overline{m}_y(\varphi,p)=\frac{2\pi a^2\cos^2\varphi}{g}\overline{[uv]} \tag{3.14a}$$

$$\overline{m}_z(\varphi,p)=\frac{-2\pi a^2\cos^2\varphi}{g}\overline{[u\omega]} \tag{3.14b}$$

它们的三个分量的定义式为

$$(\overline{m}_{y1},\ \overline{m}_{y2},\ \overline{m}_{y3})=\frac{2\pi a^2\cos^2\varphi}{g}([\overline{u}][\overline{v}],[\overline{u}^*\overline{v}^*],[\overline{u'v'}]) \tag{3.15a}$$

$$(\overline{m}_{z1},\ \overline{m}_{z2},\ \overline{m}_{z3})=\frac{-2\pi a^2\cos^2\varphi}{g}([\overline{u}][\overline{\omega}],[\overline{u}^*\overline{\omega}^*],[\overline{u'\omega'}]) \tag{3.15b}$$

$\overline{m}_y$ 及 $\overline{m}_{yl}\left(l=\overline{1,3}\right)$ 值的意义是单位时间(s)内通过(φ，p)处图 3.7(a)上圆台侧面向北输送的 u 角动量及其分量。$\overline{m}_z$ 及 $\overline{m}_{zl}\left(l=\overline{1,3}\right)$ 值的意义是单位时间内通过(φ，p)处单位宽度(m)球带(图 3.7(b))向上输送的 u 角动量及相应分量。图 3.7(a)上的圆台侧面，是等纬度面上过 (φ,p) 点沿纬圈分布的一个环形带，带宽 Δz 是该处单位压差(Pa)对应之高度(随 p、T 而变)，表 3.2 给出了标准大气若干等压面处的 Δz 值。图 3.7(b)上的球带也过 (φ,p) 点，带宽 Δy 是经线上长为 1m 的弧；因等压面高度 z 远小于地球半径 a，它对 S_y、S_z 的影响可略；故 $S_y(\varphi)=2\pi a\Delta z\cos\varphi$、$S_z(\varphi)=2\pi a\cos\varphi$。

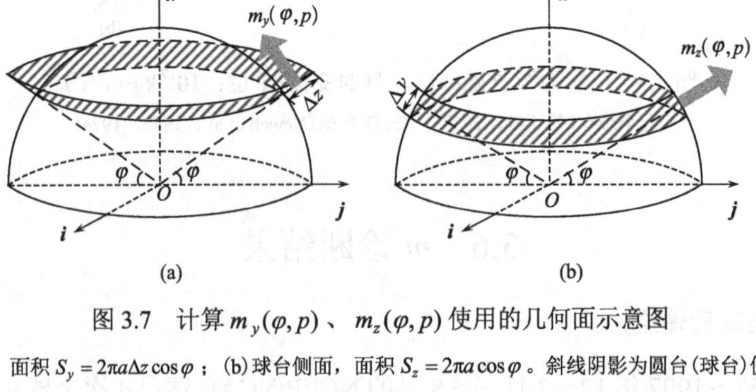

图 3.7 计算 $m_y(\varphi,p)$、$m_z(\varphi,p)$ 使用的几何面示意图

(a)圆台侧面，面积 $S_y=2\pi a\Delta z\cos\varphi$；(b)球台侧面，面积 $S_z=2\pi a\cos\varphi$。斜线阴影为圆台(球台)侧面(引自杨玮等，2014)

表 3.2　标准大气若干等压面处 1Pa 压差气柱对应高度　（单位：m）

	气压 p/hPa			
	1000	500	100	10
温度 $\overline{T}$/K	288.15	253.90	216.65	227.65
高度 Δz/m	0.085	0.151	0.637	6.663

注：据公式 $\Delta z = \frac{R_d \overline{T}}{g} \ln \frac{p_1}{p_2}$ 计算；式中，干空气比气体常数 $R_d = 287.04\text{J/(kg·K)}$，地球标准重力加速度 $g = 9.80665\text{m/s}^2$，气柱平均气温 $\overline{T}$ 取标准气温，气柱底(z_1)、顶(z_2)气压取 $p_1=p+0.5$、$p_2=p-0.5$。

通过φ纬等纬面向北 u 角动量通量及其分量的定义式为

$$\overline{m}_y(\varphi) = \int_0^{p_0} \overline{m}_y(\varphi,\ p)\mathrm{d}p \tag{3.16a}$$

$$\overline{m}_{yl}(\varphi) = \int_0^{p_0} \overline{m}_{yl}(\varphi,\ p)\mathrm{d}p,\ l=\overline{1,3} \tag{3.16b}$$

p_0=1013.25hPa 为标准大气压。其意义是单位时间内通过φ纬等纬面向北输送的 u 角动量总量((3.16a)式)及相应分量((3.16b)式)。

下面给出诊断结果,并用它们简要分析平均纬向环流$[\overline{u}]$(图 2.4)的维持机制,分析的重点是其上东、西风带及急流。

1)经向输送分析

经向输送通量分布图$\overline{m}_y$(图 3.8(a)、图 3.9(a))的明显特征是，赤道对流层顶的强输送带随季节变号，12～2 月向北半球输出东风角动量，6～8 月向南半球输出东风角动量，6～8 月远强于 12～2 月；伴随着 Ω 角动量向 u 角动量转换，使对流层内$[\overline{u}]$的 0 线随高度上升向赤道倾斜。除热带摩擦层外，强输送带(图上高绝对值区)均位于自由大气中。中心位于副热带对流层顶附近的两个强输送带冬强夏弱，其辐合区与副热带西风急流位置基本重合。冬半球中纬中平流层有另一个强向极输送带，其高纬一侧的辐合区与极夜急流位置重合。

由 12～2 月(北半球冬季、南半球夏季)经向输送分量分布图$\overline{m}_{yl}$(图 3.8(b)～(d))知，赤道对流层顶的负输送中心主要由定常波输送引起；摩擦层中的输送则主要由平均经圈环流(H. C.)完成。与北半球冬季副热带西风急流有关的$\overline{m}_y$由三个分量共同构成，但辐合主要由 H. C. 向北、F. C.向南的 u 角动量输送形成；南半球副热带西风急流主要由瞬变波向南输送辐合引起，F. C.上部的向赤道输送也有一定作用。极夜急流的输送辐合由定常波、瞬变波提供。

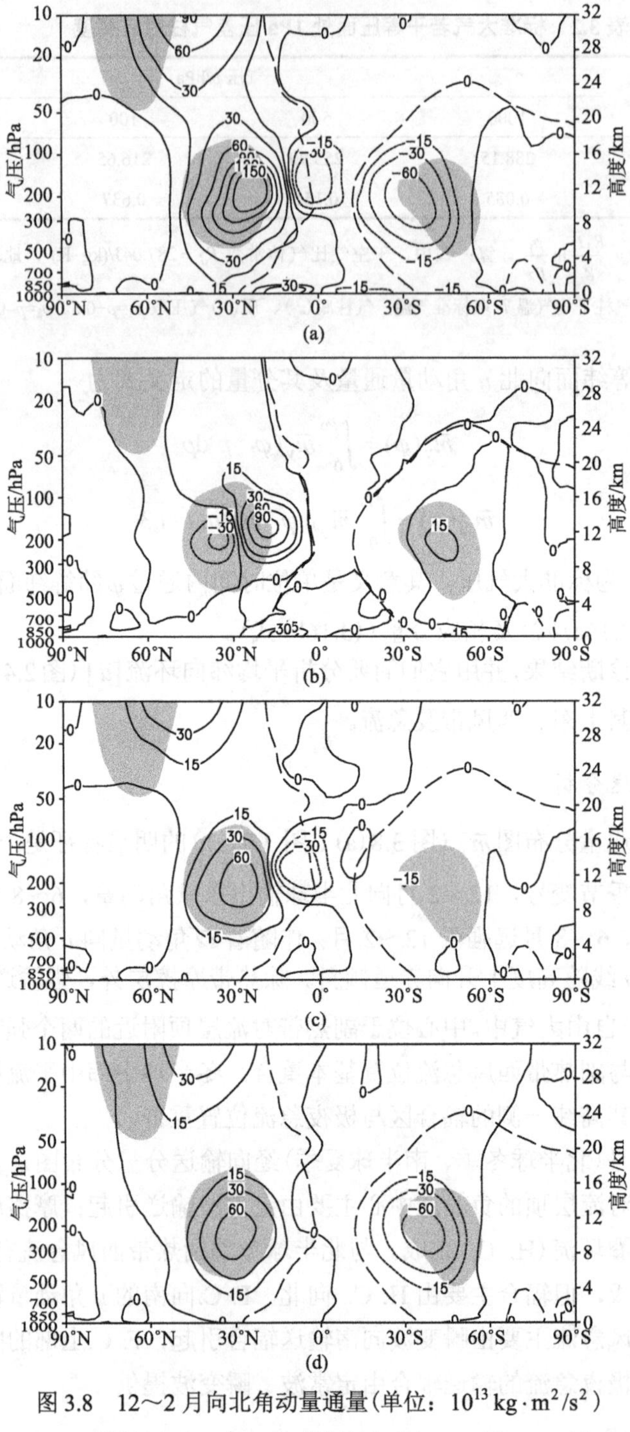

图 3.8　12～2 月向北角动量通量(单位：$10^{13}\ kg \cdot m^2/s^2$)

粗虚线表示$[\bar{u}]=0$；阴影区表示$[\bar{u}] \geqslant 20m/s$的急流区。(a) $\bar{m}_y$；(b) $\bar{m}_{y1}$；(c) $\bar{m}_{y2}$；(d) $\bar{m}_{y3}$

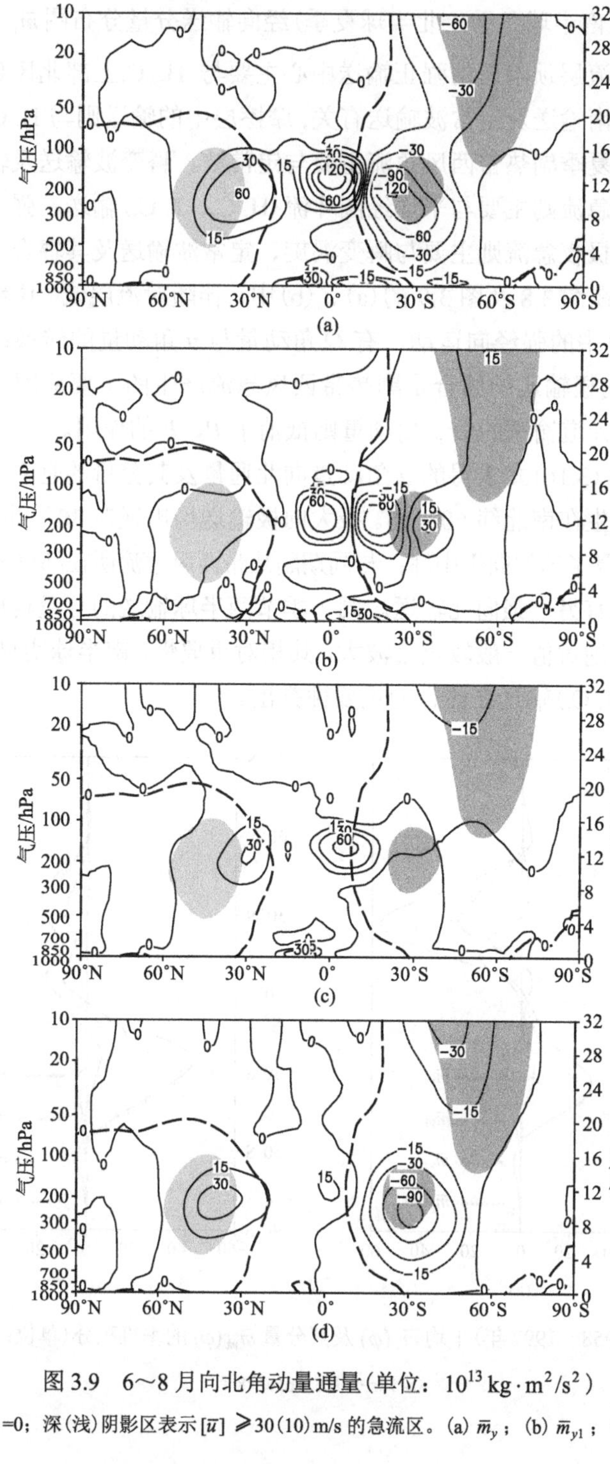

图 3.9 6～8 月向北角动量通量(单位：10^{13} kg·m^2/s^2)

粗虚线表示 $[\overline{u}]=0$；深(浅)阴影区表示 $[\overline{u}] \geqslant 30(10)$ m/s 的急流区。(a) $\overline{m}_y$；(b) $\overline{m}_{y1}$；(c) $\overline{m}_{y2}$；(d) $\overline{m}_{y3}$

由 6～8 月(南半球冬季、北半球夏季)经向输送分量分布图 $\overline{m}_{yl}$ (图 3.9(b)～(d))知，赤道对流层顶附近的强正输送中心主要与 H. C.上部北风(在东风带内)将东风角动量向南输送及定常波输送有关；摩擦层中的输送则与 H. C.及定常波输送有关。北半球夏季副热带西风急流主要与定常波、瞬变波输送及辐合有关；南半球副热带西风急流则主要与平均经圈环流(H. C.、F. C.)输送、强辐合及瞬变涡旋强输送有关。极夜急流则主要与瞬变涡旋、定常波输送及其辐合有关。

应当指出，在图 3.8 及图 3.9 的(a)、(b)中，伴随对流层低、中纬平均经圈环流(H. C.、F. C.)中的强经向运动，有 Ω 角动量与 u 角动量的转换；它们与对流层上部 H. C. 向极输送的结合是副热带西风急流产生的主要原因，而对流层下部 H. C. 向热带赤道输送的负 u 角动量则抵消了 P、F 的作用。

图 3.10 是据(3.16)式求得的 u 角动量向北通量及其分量的垂直积分。可见，明显经向输送发生在南北纬 60° 间。极大向极输送均出现在 30° 纬度附近，冬半球偏向于赤道，夏半球偏向于中纬；与同期副热带西风急流所在纬度相近。6～8 月赤道北半球一侧有另一强向北输送。同一季节两半球输送的分量构成差异明显，瞬变涡旋输送的绝对值一般较定常波大，其相对重要性，南半球明显大于北半球。平均经圈环流(H. C.)输送在热带的重要性突出。

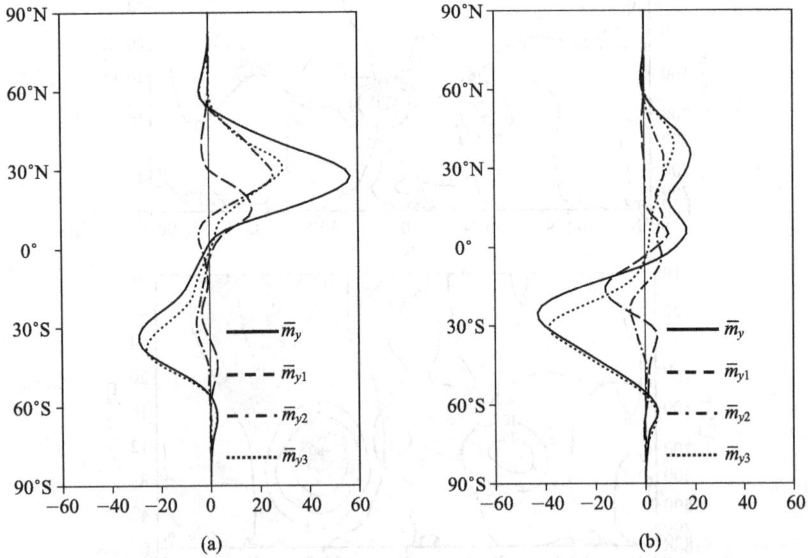

图 3.10　40 年(1958～1997 年)平均 $\overline{m}_y(\varphi)$ 及其分量 $\overline{m}_{yk}(\varphi)$ 的垂直积分(单位：10^{18} kg·m²/s²)

(a) 12～2 月；(b) 6～8 月

综上，u 角动量的经向输送特点为：①全年均有西风角动量从热带东风带向中、高纬西风带输送，强度冬季强于夏季，北半球季节差异大于南半球；极地东风带向中高纬西风带的输送相对很小。②强输送中心主要在中、低纬对流层顶附近和冬半球高纬平流层顶附近进行，$[\overline{u}]$ 图上副热带西风急流和极夜西风急流均位于角动量强向极输送中心高纬一侧的输送辐合区中；赤道对流层顶附近的强中心使该处东风带变窄，热带对流层中东西风带交界面随高度向赤道倾斜。③平均经圈环流输送及辐合对冬季副热带西风急流维持作用巨大，瞬变涡旋与定常波输送及辐合对北半球西风急流维持作用相当，瞬变涡旋输送对南半球西风急流维持的作用突出。

2) 垂直输送分析

由 P、F 分析知，大气西风角动量的源、汇分别在热带东风带地面、中高纬西风带地面；而由 $\overline{m}_y$ 及其分量的子午面图(图 3.8、图 3.9)知，强输送中心均在高空的对流层顶或中平流层顶。平衡要求热带东风区内有角动量向上输送，中高纬西风区内有角动量向下输送，因此需要分析角动量的垂直输送。

u 角动量向上通量图 $\overline{m}_z$ (图 3.11(a)、图 3.12(a))表明，西风角动量垂直输送主要发生在热带东风区(对流层上部和摩擦层)和冬半球的副热带西风急流所在纬度(自由大气中)；东风区占优势的上升运动将高绝对西风角动量空气送至高空，在对流层上部向极输送中 Ω 角动量转换为 u 角动量，西风区有西风角动量向下输送，它们保证了热带、副热带纬度 u 角动量在高空向中、高纬输送。

u 角动量向上通量分量图 $\overline{m}_{zl}$ (图 3.11 和图 3.12 的(b)～(d))表明，热带对流层绝对角动量向上输送主要由平均经圈环流(对流层下部)和定常波(对流层上部)完成。而与副热带急流有关的 u 角动量下传主要由位于西风带中的平均经圈环流(H. C.、F. C.)下沉支完成；瞬变涡旋将西风角动量上传，部分抵消平均经圈环流的下传作用，这在南半球冬季更明显。

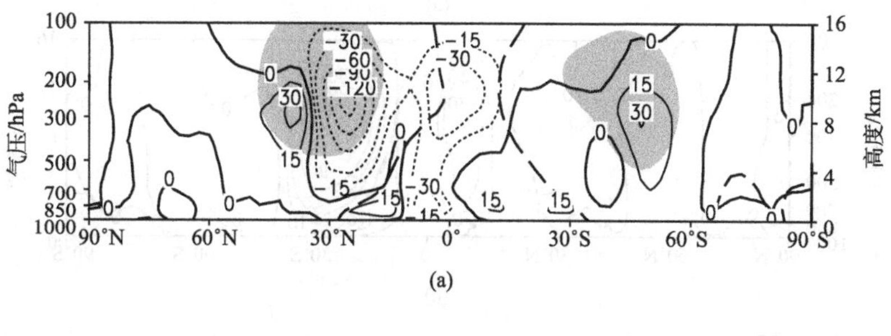

(a)

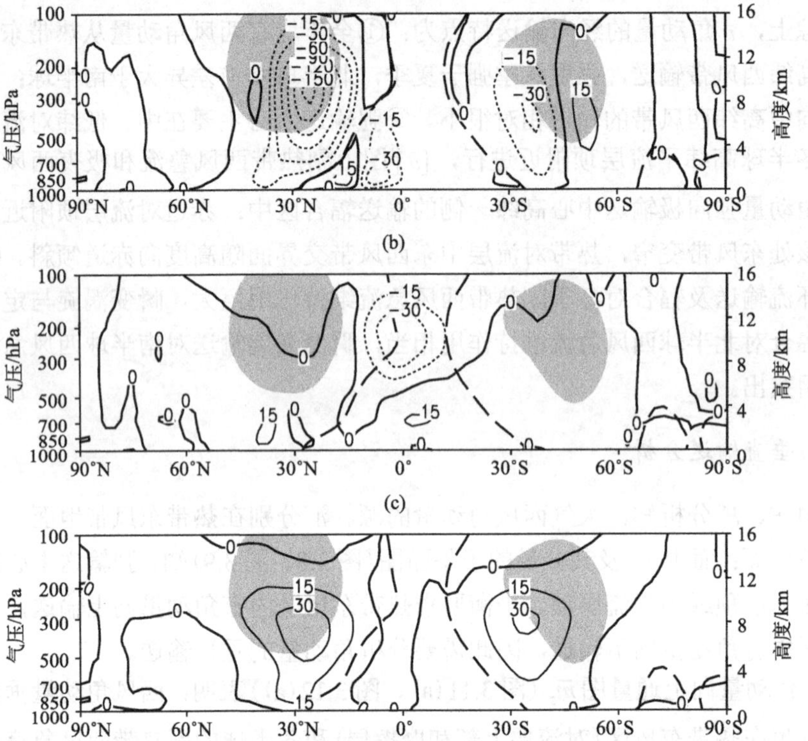

图 3.11　12～2 月向上角动量通量(单位：$10^{11}\ \mathrm{kg \cdot m^2/s^2}$)

粗虚线为东西风带交界 $[\bar{u}]=0$；阴影区为副热带西风急流 $[\bar{u}]\geqslant 20$ m/s 。(a) $\bar{m}_z$；(b) $\bar{m}_{z1}$；(c) $\bar{m}_{z2}$；(d) $\bar{m}_{z3}$

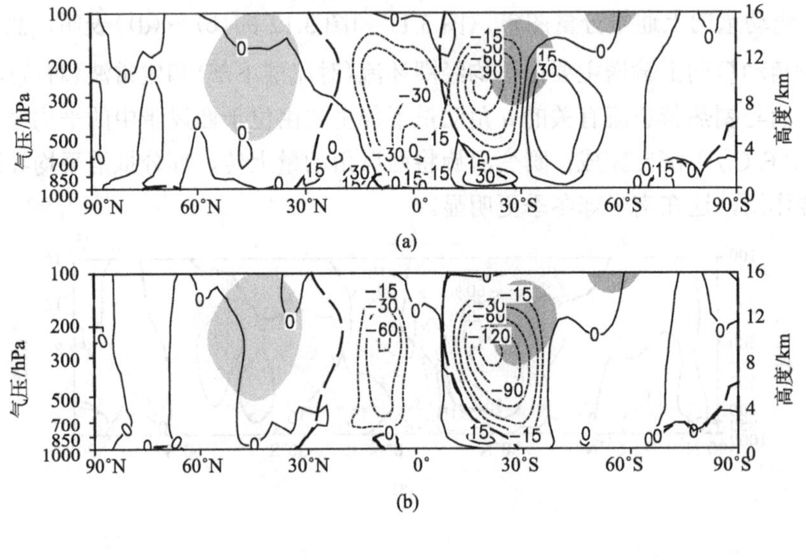

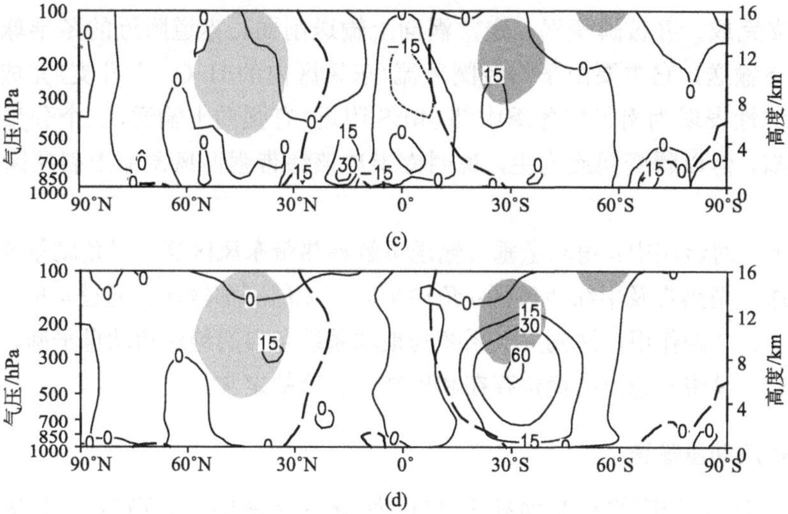

图 3.12　6～8 月向上角动量通量(单位：$10^{11}\ \mathrm{kg\cdot m^2/s^2}$)

粗虚线为东西风带交界 $[\bar{u}]=0$；深(浅)阴影区为副热带西风急流 $[\bar{u}]\geqslant 30(10)$ m/s。(a) $\bar{m}_z$；(b) $\bar{m}_{z1}$；(c) $\bar{m}_{z2}$；(d) $\bar{m}_{z3}$

图 3.13 给出了 500hPa u 角动量向上通量 $\bar{m}_z$ 及其分量随纬度的变化。可见，冬半球外热带、副热带向下输送最强，它主要由平均经圈环流 H. C. 和 F. C. 公

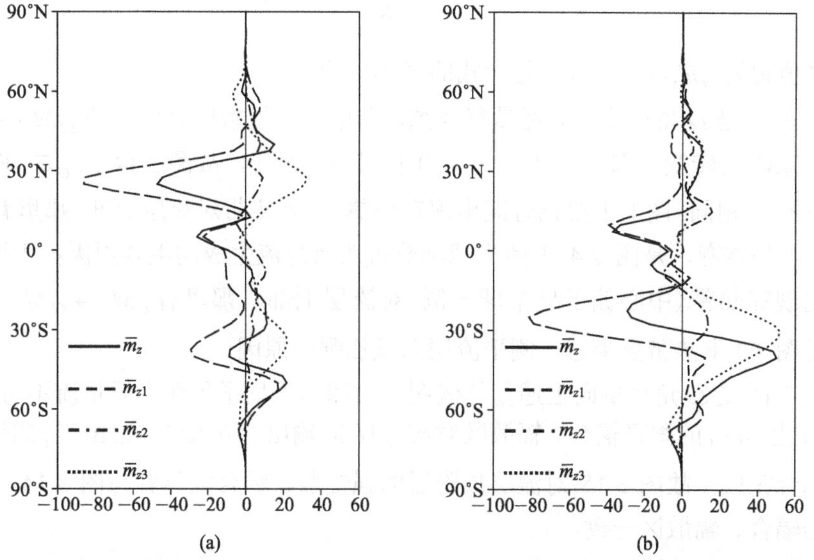

图 3.13　40 年(1958～1997 年)平均 500hPa $\bar{m}_z(\varphi)$ 及其分量 $\bar{m}_{zk}(\varphi)$ (单位：$10^{11}\ \mathrm{kg\cdot m^2/s^2}$)

(a) 12～2 月；(b) 6～8 月

共下沉支完成，并被瞬变涡、定常涡向上输送削弱。赤道附近的冬半球侧有次强的向下输送，它主要由平均经圈环流(东风区内的 H. C. 上升支)完成。半球际非对称性表现为南半球冬季中纬(40°S 附近)有强向上输送，三个分量对其均为正贡献，但以瞬变涡旋为主，说明南半球该纬带强西风急流上斜压瞬变涡旋活跃。

综上，对流层中 u 角动量垂直输送可解释热带东风区高绝对角动量向对流层上部输送，副热带及中纬西风区 u 角动量向对流层下部输送。通过 u 角动量经向输送及 P、F 的作用，达到大气系统与地球系统各自的绝对角动量平衡，维持大气环流东西风带及急流的稳定存在和地转角速度的定常。

3.6.2 $\varOmega$ 角动量输送

与(3.15)式相应的 $\varOmega$ 角动量通量(记为 ${}_{\varOmega}m$)分解式中只存在第一分量 ${}_{\varOmega}m_{y1}$、${}_{\varOmega}m_{z1}$，即 ${}_{\varOmega}m_y$、${}_{\varOmega}m_z$ 只与平均经圈环流输送有关。t_y 年、t_m 月的 $\varOmega$ 角动量通量算式为

$$ {}_{\varOmega}m_{y1}=\frac{2\pi\varOmega a^3\cos^3\varphi}{g}[\overline{v}] \tag{3.17a}$$

$$ {}_{\varOmega}m_{z1}=\frac{-2\pi\varOmega a^3\cos^3\varphi}{g}[\overline{\omega}] \tag{3.17b}$$

其气候值记为 ${}_{\varOmega}\overline{m}_{y1}$、${}_{\varOmega}\overline{m}_{z1}$，是上式的多年平均。

图 3.14 是 $\varOmega$ 角动量向北通量气候图，其辐合、辐散区分别对应 ${}_{\varOmega}M\rightarrow{}_{u}M$、${}_{u}M\rightarrow{}_{\varOmega}M$ 的转变。因为 ${}_{\varOmega}M$ 恒大于 0 且只随 φ 而变，故图 3.14 上 ${}_{\varOmega}\overline{m}_{y1}$ 的+、−与 $[\overline{v}]$ 的+、−相同；图上主要辐合区出现在外热带–副热带对流层上部，那里有 ${}_{\varOmega}M\rightarrow{}_{u}M$ 的强转变，是图 2.4 上两半球副热带西风急流生成的主要原因；主要强辐散区出现在热带(中心偏于夏半球一侧)对流层上部，那里有 ${}_{u}M\rightarrow{}_{\varOmega}M$ 的强转变，是图 2.4 上热带夏半球一侧平流层东风加强的原因。

图 3.15 是 $\varOmega$ 角动量向上通量气候图。由纬向平均子午面上质量流不可压性，图 3.15 上 ${}_{\varOmega}\overline{m}_{z1}$ 的垂直辐合、辐散区对应 ${}_{\varOmega}M$ 的输出、输入区，它由 $[\overline{v}]$ 的经向辐散、辐合完成；故图 3.15 对流层顶附近的强辐散、辐合区位置与图 3.14 上相应位置强辐合、辐散区一致。

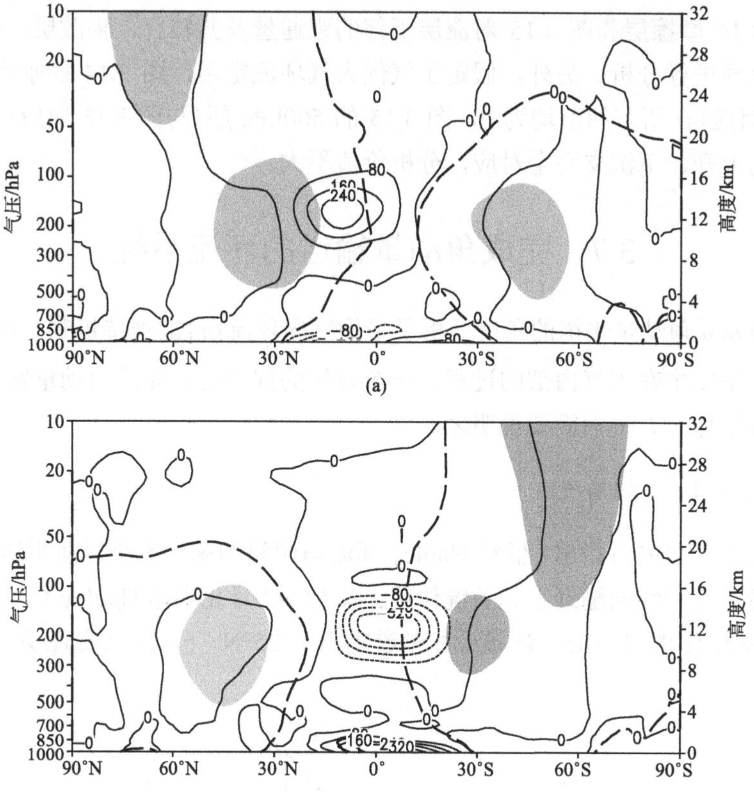

图 3.14　1958～1997 年向北 Ω 角动量通量 $_{\Omega}\bar{m}_{y1}$（单位：$10^{14}\ \mathrm{kg \cdot m^2/s^2}$）

粗虚线表示东西风交界，阴影区为急流区，等值线为向北 Ω 角动量通量。(a) 12～2 月；(b) 6～8 月

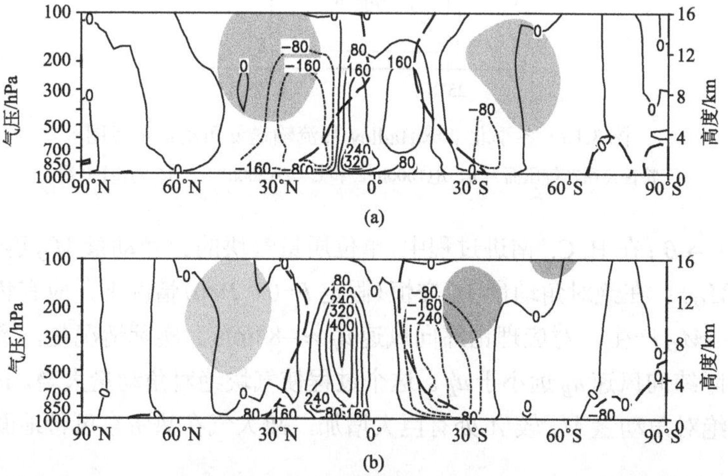

图 3.15　1958～1997 年向上 Ω 角动量通量 $_{\Omega}\bar{m}_{z1}$（单位：$10^{12}\ \mathrm{kg \cdot m^2/s^2}$）

粗虚线表示东西风交界，阴影区为急流区，等值线为向上 Ω 角动量通量。(a) 12～2 月；(b) 6～8 月

图 3.14 摩擦层和图 3.15 对流层下部的强通量及其辐合、辐散层，也可以根据上述原理进行分析。另外，假定了气候大气环流定常，图 3.14 的垂直积分(与图 3.10 对应)在所有纬度均为 0，图 3.15 的 500hPa 层(与图 3.13 对应)与平均经圈环流的上升、下沉支完全对应，分析价值不大。

3.7 完成角动量输送的环流系统

上节从 u 角动量平衡的角度分析了平均纬向环流$[\overline{u}]$的维持机制。其中，u 角动量输送是发生在大气内部的过程，一个自然的问题是，完成角动量输送的主要环流系统是什么？下面简要说明之。

1) 低纬 H. C. 的输送

叶笃正等(1958)指出，低纬 Hadley 环流与倾斜的东西风交界面相结合，在完成角动量垂直和经向输送上起关键作用。以 12～2 月北半球 Hadley 环流为例，借助一个理想化的 Hadley 环流(由赤道上升，25°N 下沉)示意图分析其过程(图 3.16)。

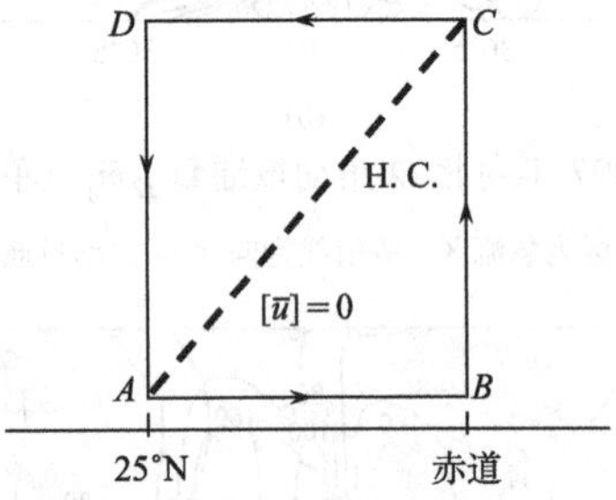

图 3.16　冬季北半球 Hadley 环流输送 u 角动量示意图

特性点所在等压面为 A、B(1000hPa)和 C、D(200hPa)；AC 为$[\overline{u}]$=0 线

(1) $A \to B$：在 H. C. 南进过程中，单位质量气块的 Ω 角动量 M_Ω 迅速增大(设增量为 ΔM_Ω)；在绝对角动量 M_a 守恒(假定 F=0、P=0)情况下，应有负的 u 角动量 $M_u = -\Delta M_\Omega$ 产生，对应理论纬向风速 $u'_B \approx -83\text{m/s}$。实际情况是，摩擦和山脉阻挡使实际纬向风速 u_B 远小于 u'_B。这个过程使气块绝对角动量大增，u 角动量小减，B 处绝对角动量 M_a 较 A 处有巨大增加，故大气在热带东风带地面获得绝对角动量。

(2) $B \to C$：在 H. C. 上升支中，保持大的 M_a 不变。

(3) $C \to D$：在 H. C. 高空北进支中，气块的 M_Ω 迅速减小，M_u 迅速增大；理论上(因为高空 P、F 可忽略不计)在 D 处应有 $u'_D \approx 83\text{m/s}$。但由 $C \to D$ 过程中，m 的辐散抑制了 u 的增大，结果得观测到的 u_D(副热带西风急流中心的 $[\overline{u}]$ 值)。

(4) $D \to A$：在 H. C. 下沉支中，受 P、F、m 的作用，M_u 在 A 点复归于 0。

上述过程的总效果是，H. C. 使低纬地面东风带获得的 M_a 向上、向北输送，在(25°N、200hPa)附近形成一个经向输送($\overline{m}_y$)正中心；它北侧的输送辐合用以维持西风气流，南侧的辐散有利于低纬高层西风区中有 u 角动量(它由 Ω 角动量转化而来)向北净输出。总效果是 H. C. 将热带东风带从地面获得的西风角动量向上、向北输送至副热带高空的西风带，在那里形成北半球副热带西风急流。

2) 中高纬纬向非对称系统的输送

在中高纬的 u 角动量输送中，瞬变涡旋、定常波输送起重要作用。其中，纬向非对称系统在输送过程中有重要意义，故重点介绍之。由环流分解原理，$[\overline{u}]$ 是瞬时 u 场经时、空平均求得。因此，可以从瞬时 V 场或准定常风场 $\overline{V}$ 的结构，分析非对称系统完成角动量输送的原理。

图 3.17 是北半球中高纬度瞬时天气图上常见的移动性高空槽(脊)、地面的高、低压系统，它们具有纬向非对称结构，其槽(脊)线或长轴线在较低纬度呈西南—东北走向，随纬度增高发生逆时针旋转。它们不但使 $[u^*v^*]$ 大于 0(向北输送)，并可使经向输送($\overline{m}_y$)在西风急流处辐合，从而为西风急流维持提供角动量。所以，从角动量平衡角度看，此类系统与 $[\overline{u}]$ 图结构之间存在动力学上的因果联系。

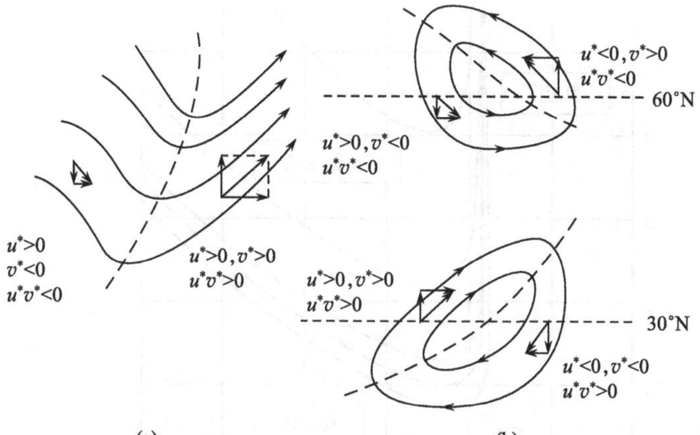

图 3.17　瞬时图上有利于角动量向北输送辐合的环流系统

(a) 高空；(b) 地面

图 3.11、图 3.12 的分析指出，冬半球中纬西风带 u 角动量下传主要由平均经圈环流(H. C. 和 F. C. 的公共下沉支)完成，瞬变涡旋的向上输送则部分抵消其作用，有利于急流维持。观测表明，中纬高空槽前脊后(图 3.17(a))一般为上升气流，其下方常有地面气旋发展，槽后脊前则相反；由图 3.17(a)知，瞬时环流系统的这种垂直配置，有利于西风角动量的上传。它们可看作平均经圈环流过度向下输送的补偿。

实际过程是，副热带西风急流的下方，西风垂直切变$\left|\frac{\mathrm{d}u}{\mathrm{d}z}\right|$大。按斜压不稳定判据

$$\left(\frac{\beta}{2k}\right)^2 - k^2H^2\left(\frac{\mathrm{d}u}{\mathrm{d}z}\right)^2 \begin{cases} <0 & \text{不稳定} \\ =0 & \\ >0 & \text{稳定} \end{cases}$$

可求得中纬大气斜压不稳定性随系统水平尺度 L、$\frac{\partial[u]}{\partial z}$变化的图(图 3.18)，式中，$H$ 为均质大气高度；k 为波数；$\frac{\mathrm{d}u}{\mathrm{d}z}$为西风的垂直切变；$\beta=\mathrm{d}f/\mathrm{d}y$。可见，副热带西风急流的下方，斜压不稳定条件经常满足，如图 3.17(a)的大型涡旋是经常存在的。它们不但完成 u 角动量向高纬输送和在急流区的辐合，并且其纬向不对称垂直运动 ω^* 与纬向不对称 u^* 的相关，必然引起 u 角动量向上传输，有利于东西风带及西风急流气候状态(图 2.4)的维持。

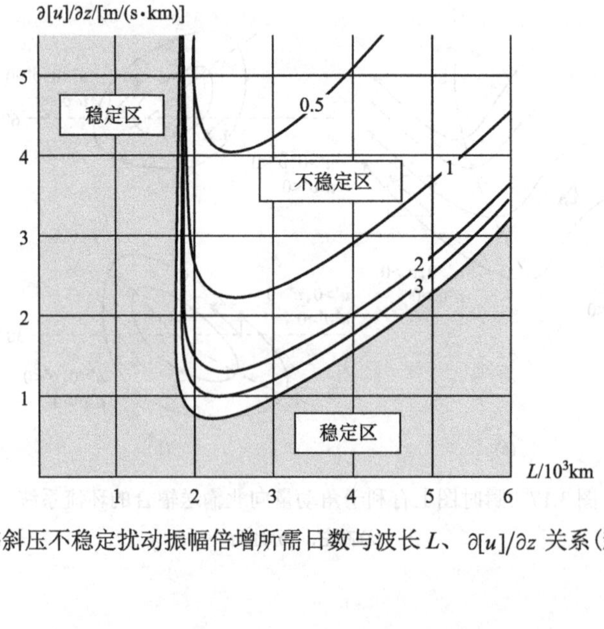

图 3.18　中纬斜压不稳定扰动振幅倍增所需日数与波长 L、$\partial[u]/\partial z$ 关系(新田尚，1987)

3.8 总　　结

本章据角动量平衡原理，分析气候平均纬向环流$[\overline{u}]$的维持机制。导出了适于$[\overline{u}]$维持机制分析的绝对角动量平衡方程，指出维持$[\overline{u}]$的三个分量是角动量输送(m)、山脉力矩(P)、摩擦力矩(F)，阐明了它们的意义。系统地给出了它们的动力诊断结果，指出完成角动量输送的环流系统。本章完整演示了大气环流$[\overline{u}]$场维持机制研究的动力诊断方法，它适用于大气环流其他要素场维持机制的研究。

第 4 章　大气中的热量平衡与水分平衡

地气系统辐射差额 Q_R 低纬为正，中高纬为负，平衡要求热量从低纬向高纬输送，这种输送由大气、海洋环流共同完成。大气子系统的水分平衡指大气通过地面蒸发获得的水汽与通过降水失去的水分之差。副热带纬度，大气净得到水汽，是大气的水汽源(water vapor source)；热带及中高纬度，大气净失去水汽，是大气的水汽汇(water vapor sink)。平衡要求大气中有水汽从副热带向热带和中高纬输送，这种输送由大气环流完成。由于大气中水分平衡过程与水的相变紧密相关，而水的相变伴随着热量的吸收或释放，因此，与大气热量平衡有关，故将大气的水分平衡与热量平衡统一考虑较方便。

由于热量平衡问题本身很复杂，本书在简单介绍热量倾向方程和平衡方程基础上，重点分析纬向平均温度场 $[\bar{T}]$ (图 2.17)的维持机制，并不对地气系统整个热量平衡展开讨论。

4.1　热　　量

本节涉及三种大气热量：感热是取决于绝对温度 T 的量；潜热是取决于比湿 q 的量；全热是感热与潜热之和。表 4.1 列出单位质量、单位体积、极冠区大气三种热量的定义式。

表 4.1　大气热量定义式

热量形式	单位质量	单位体积	极冠区
感热	C_pT	ρC_pT	$\iiint \rho C_pT\mathrm{d}\tau'$
潜热	Lq	ρLq	$\iiint \rho Lq\mathrm{d}\tau'$
全热	C_pT+Lq	$\rho(C_pT+Lq)$	$\iiint \rho(C_pT+Lq)\mathrm{d}\tau'$

注：表中，ρ 为空气密度(含水汽)；C_p 为干空气定压比热容 0.24cal/(g·℃)；L 为凝结(蒸发)热量 597.26cal/g，冻结(融化)热量 79.67cal/g，凝华(升华)热量为两者之和；q 为比湿，单位质量空气中含有的水汽量(单位：g/kg)。$\mathrm{d}\tau'=\mathrm{d}x\mathrm{d}y\mathrm{d}z$ 是局地直角坐标中的积分体元，积分域为极冠区。

4.2　热量倾向方程

热量倾向方程即热量连续方程，它给出热量局地变化的原因。下面给出 p 坐标系中单位质量空气的感热、潜热和全热量的倾向方程。

$$\frac{\partial}{\partial t}C_pT = Q - \nabla\cdot C_pT\boldsymbol{V} + \alpha\omega \tag{4.1}$$

$$\frac{\partial}{\partial t}Lq = LE - \nabla\cdot Lq\boldsymbol{V} \tag{4.2}$$

$$\frac{\partial}{\partial t}(C_pT + Lq) = (Q + LE) - \nabla\cdot(C_pT + Lq)\boldsymbol{V} + \alpha\omega \tag{4.3}$$

式中，α 为比容；$\omega = \dfrac{\mathrm{d}p}{\mathrm{d}t}$ 为垂直速度；Q 为非绝热加热项，它由大气净辐射(Q_1)、相变(Q_2)、湍流热交换(Q_3)三项之和构成；大气在辐射、相变、湍流热交换过程中获得感热为正，失去感热为负；注意发生在大气中的蒸发 Q_2 为负、凝结 Q_2 为正，与(4.2)式 LE 的关系为 $Q_2 = -LE$，故(4.3)式中右端第一项 $Q + LE = Q_1 + Q_3$ 不包含 Q_2；E 是蒸发(升华)率，指单位时间内、单位质量空气中因相变而引起的水汽含量增量，蒸发(升华)时为正，凝结(凝华)时为负；LE 为相变引起的气块潜热增量。因为，发生在大气中的蒸发(升华)需吸收环境(即气块)感热，使 C_pT 减小，且其量与 LE 增量相等，实质是 C_pT 转变为 Lq；故相变过程不改变大气的全热量。$C_pT\boldsymbol{V}$ 和 $Lq\boldsymbol{V}$ 为感热通量和潜热通量。$\alpha\omega = \alpha\dfrac{\mathrm{d}p}{\mathrm{d}t}$ 是压力位能向感热能的转化；$\omega > 0$ 时，气块受到压缩，环境对气块做功，T 升高，感热增加；反之亦然。

可见，(4.1)式～(4.3)式中右边第一项是非绝热加热引起的相应热量改变。注意，水的相变 Q_2 引起气块感热、潜热转换和变化，但不改变气块全热量；改变(4.3)式中全热量的是辐射 Q_1、湍流热交换 Q_3。右边第二项是热量通量辐合、辐散的作用，辐合增热、辐散减热。(4.1)式、(4.3)式右边第三项是压力位能向感热、全热的转变，增压增热、减压减热。

4.3　极冠区全热量平衡方程

在 p 坐标系下将(4.3)式对极冠区大气积分，得极冠大气全热量倾向方程

$$\frac{\partial}{\partial t}\iiint \frac{C_pT+Lq}{g}\mathrm{d}\tau=\iiint \frac{Q+LE}{g}\mathrm{d}\tau \\ -\iiint \frac{\nabla\cdot(C_pT+Lq)\boldsymbol{V}}{g}\mathrm{d}\tau+\iiint \frac{\alpha\omega}{g}\mathrm{d}\tau \tag{4.4}$$

式中，$\mathrm{d}\tau=\mathrm{d}x\mathrm{d}y\mathrm{d}p=-\rho g\mathrm{d}x\mathrm{d}y\mathrm{d}z=-\rho g\mathrm{d}\tau'$，对 p 从 0 到 p_s 积分，p_s 为地面气压。

在定常情况下，极冠区大气的温度和水汽并没有增、减(全热量无局地变化)，故(4.4)式左边为 0，

$$0=\iiint \frac{Q+LE}{g}\mathrm{d}\tau-\iiint \frac{\nabla\cdot(C_pT+Lq)\boldsymbol{V}}{g}\mathrm{d}\tau+\iiint \frac{\alpha\omega}{g}\mathrm{d}\tau \tag{4.5}$$

它是极冠区全热量平衡方程。

由高斯公式，(4.5)式右边第二项(通量辐合、辐散项)可写作通量形式

$$-\iiint \frac{\nabla\cdot(C_pT+Lq)\boldsymbol{V}}{g}\mathrm{d}\tau=\iint_{\Sigma}\frac{(C_pT+Lq)v}{g}\mathrm{d}x\mathrm{d}p$$

Σ 是纬度 φ 处的等纬面(图 3.2)。量级比较表明，压力位能转化项((4.5)式右端第 3 项)较前两项小一个量级，略去。此时，有近似的热量平衡方程

$$\iint_{\Sigma}\frac{(C_pT+Lq)v}{g}\mathrm{d}x\mathrm{d}p\approx-\iiint \frac{Q+LE}{g}\mathrm{d}\tau \tag{4.6}$$

(4.6)式表明：在定常情况下，通过某纬度等 φ 面向北输送的全热量与该纬度以北极冠区大气的辐射失热($-Q_1$)、极冠区地面(Σ'')湍流非绝热失热净值($-Q_3$)相平衡。此式一般用于热量平衡计算。

4.4 纬向平均温度场的维持机制和诊断结果

4.4.1 $[\bar{T}]$的维持机制

气候纬向平均温度场$[\bar{T}]$(图 2.17)与单位质量大气时、空平均感热$[\overline{C_pT}]$的分布仅差常数倍 C_p，这里用环流分解方法，通过感热倾向方程((4.1)式)，讨论各环流分量在$[\bar{T}]$维持过程中所起的作用。

由热力学第一定律和连续方程，并引入 v、ω 环流分解，可导出定常纬向平均温度局地变化方程的分解形式

$$
\begin{aligned}
\frac{\partial}{\partial t}[\bar{T}] = & -\underset{①}{\frac{[\bar{v}]}{a}\frac{\partial[\bar{T}]}{\partial\varphi}} - [\bar{\omega}]\underset{②}{\left(\frac{\partial[\bar{T}]}{\partial p} - \frac{R}{C_p p}[\bar{T}]\right)} \\
& -\frac{1}{a\cos\varphi}\frac{\partial}{\partial\varphi}\left\{\underset{③}{\left([\bar{T}^*\bar{v}^*] + [\overline{T'v'}]\right)}\cos\varphi\right\} - \frac{\partial}{\partial p}\underset{④}{\left([\bar{T}^*\bar{\omega}^*] + [\overline{T'\omega'}]\right)} \\
& + \frac{R}{C_p p}\underset{⑤}{\left([\bar{T}^*\bar{\omega}^*] + [\overline{T'\omega'}]\right)} + \underset{⑥}{\frac{[\bar{Q}]}{C_p}}
\end{aligned} \tag{4.7}
$$

由于$[\bar{T}]$定常，故左端为0，得$[\bar{T}]$的平衡方程

$$
\begin{aligned}
0 = & -\underset{①}{\frac{[\bar{v}]}{a}\frac{\partial[\bar{T}]}{\partial\varphi}} - [\bar{\omega}]\underset{②}{\left(\frac{\partial[\bar{T}]}{\partial p} - \frac{R}{C_p p}[\bar{T}]\right)} \\
& -\frac{1}{a\cos\varphi}\frac{\partial}{\partial\varphi}\left\{\underset{③}{\left([\bar{T}^*\bar{v}^*] + [\overline{T'v'}]\right)}\cos\varphi\right\} - \frac{\partial}{\partial p}\underset{④}{\left([\bar{T}^*\bar{\omega}^*] + [\overline{T'\omega'}]\right)} \\
& + \frac{R}{C_p p}\underset{⑤}{\left([\bar{T}^*\bar{\omega}^*] + [\overline{T'\omega'}]\right)} + \underset{⑥}{\frac{[\bar{Q}]}{C_p}}
\end{aligned} \tag{4.8}
$$

方程(4.8)右端：①、②项为平均经圈环流作用。①是平流输送作用，对流层中$[\bar{T}]$一般由热赤道向两极降低，热力正环流使对流层下部降温、上部升温(热带对流层顶处例外)，热力反环流相反。②是对流作用，它又可分解为无压缩对流(前项)和压缩对流(后项)，前者是纯输送，对流层中一般有$[\bar{T}]$随高度降低，故上升($\omega<0$)为正，下沉($\omega>0$)为负；后者是压力位能与热能间的相互转换，上升膨胀降温故为负，下沉压缩升温故为正。①、②项对$\frac{\partial[\bar{T}]}{\partial t}$贡献的正、负与热、冷流及压缩、膨胀相联系。

右端③、④、⑤项为涡旋作用。③是定常涡旋、瞬变涡旋经向输送辐合(散)的作用，辐合对$\frac{\partial[\bar{T}]}{\partial t}$有正贡献，辐散为负贡献。④是定常涡旋、瞬变涡旋垂直输送辐合(散)的作用，其正负与经向输送辐合(散)的作用类似。⑤是垂直涡旋输送相伴随的压力位能与热能的相互转换，T-ω的在空域(或时域)上的正相关，即高温处(或高温时)下沉和低温处(或低温时)上升可致局地温度增高；反之将导致局地降温。

右端⑥项是非绝热加热作用，对$[\bar{T}]$应是三部分：辐射加热(Q_1)、潜热释放(Q_2)、边界层加热(Q_3)；其中，Q_2与水分平衡有关。另外，还有大气内摩擦加

热转换(Q_F)，它是动能向热能的转换；但由热机效率分析(5.3 节)知，它是小项，可忽略。

4.4.2 诊断结果

1) 平均经向运动的平流输送作用(右第①项)

表 4.2 给出低、中纬地面附近作用较大，负、正贡献达 0.6℃/d。但与后面一些项比，它相对较小。Hadley 环流使 15°N、150hPa 处降温(–0.3℃/d)，是因为热带对流顶在低平流层，那里出现$[\bar{T}]$的极小值，使$-\dfrac{\partial[\bar{T}]}{\partial\varphi}$在该处为负。

表 4.2 Newell 估计的平均经圈环流的平流输送贡献(1972 年、1974 年冬季)

环流	φ /°N	层/hPa	v/(km/d)	$\dfrac{\partial[\bar{T}]}{\partial\varphi}$/(℃/(°))	贡献/(℃/d)
Hadley 环流	15	150	164	0.2	–0.3
		1000	–181	–0.38	–0.6
Ferrel 环流	45	300	–3.3	–0.42	–0.15
		1000	58	–1.36	0.68

2) 对流项的作用(右第②项)

因为大尺度大气环流总是层结稳定的($\gamma<\gamma_d$)，上升伴随($[\bar{\omega}]<0$)降温、下沉伴随($[\bar{\omega}]>0$)升温，故 Hadley 环流圈、Ferrel 环流圈上升、下沉支处有相应的$[\bar{T}]$的一、十贡献。由图 4.1，冬半球 Hadley 环流强，对流项使上升支中心降温 1.2℃/d、下沉支中心升温 1.0℃/ d 以上；夏半球 Hadley 环流圈和 Ferrel 环流圈弱，相应降、升温值不足 0.5℃/d。

3) 涡旋热通量经向输送辐合项的作用(右第③项)

图 4.2 是 Newell 等(1974)估计的$[\bar{v}^*\bar{T}^*+\overline{v'T'}]$，它是涡旋经向热通量分布，而不是对增温的贡献。南北纬 50°附近 800hPa 和 200hPa 为强向极输送中心，冬强夏弱；与北半球冬季平流层极夜急流相伴随有强输送中心。对照图 2.17，冬季 200hPa、北纬 50°～60°附近为高温带，故中、低纬对流层顶感热输送中亦存在“负黏性”现象，涡旋将热量从低温处送向高温处。

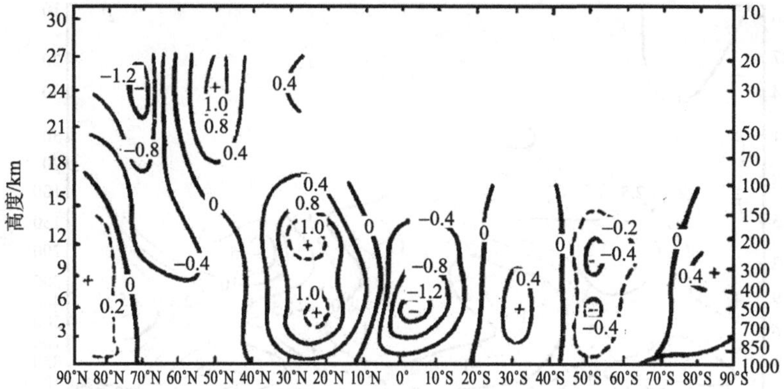

(a)

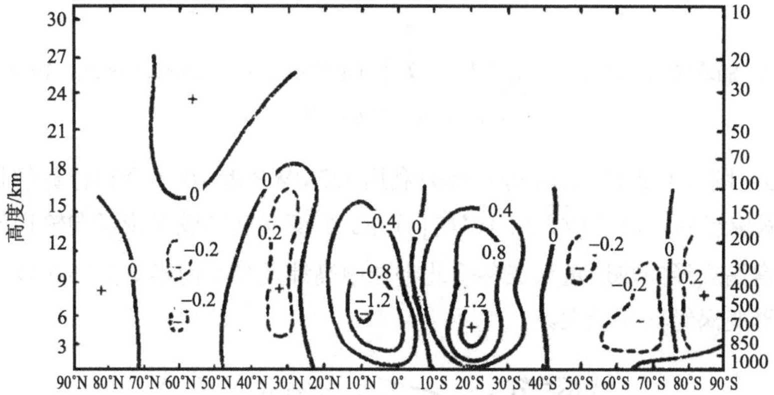

(b)

图 4.1　对流绝热加热过程对局地温度变化的贡献(单位：℃/ d) (Newell et al.，1974；新田尚，1987)

(a) 12～2 月；(b) 6～8 月

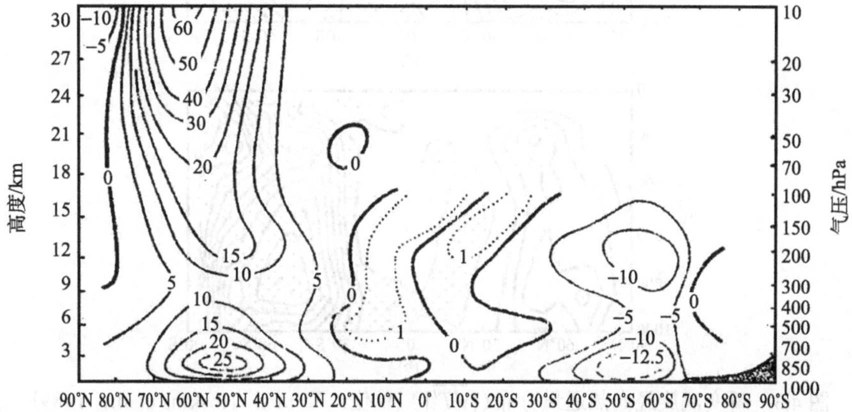

(a)

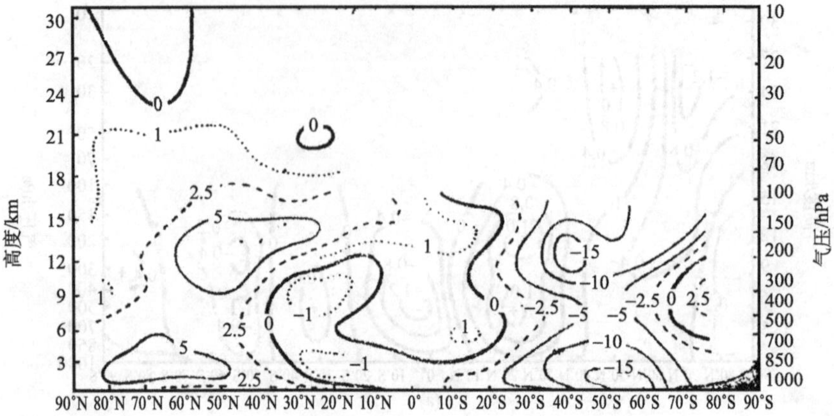

(b)

图 4.2　涡旋经向热通量分布（$\left[\overline{v}^*\overline{T}^* + \overline{v'T'}\right]$）(单位：℃·m/s) (Newell et al.，1974)

(a) 12～2 月；(b) 6～8 月

图 4.3、图 4.4 是 Hoskins 等(1989)利用 ECMWF 近 10 年资料计算的瞬变涡旋、定常涡旋经向热通量$[\overline{v'T'}]$、$[\overline{v}^*\overline{T}^*]$分布。瞬变涡旋完成涡旋经向输送的主要部分；定常涡旋经向热通量只在冬季北半球中高纬及冬季南半球高纬区较大，其余均不如瞬变涡经向通量大。

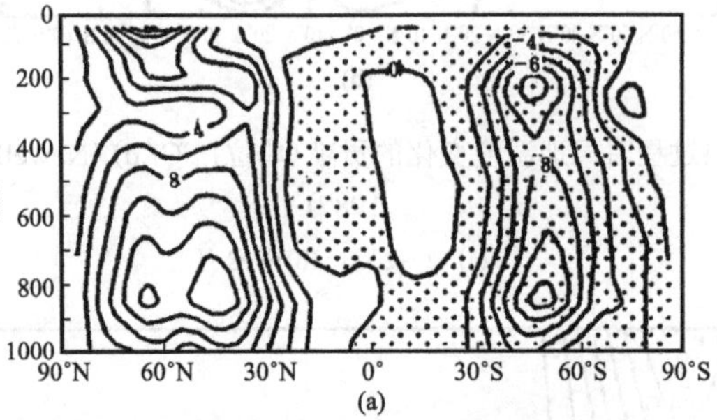

(a)

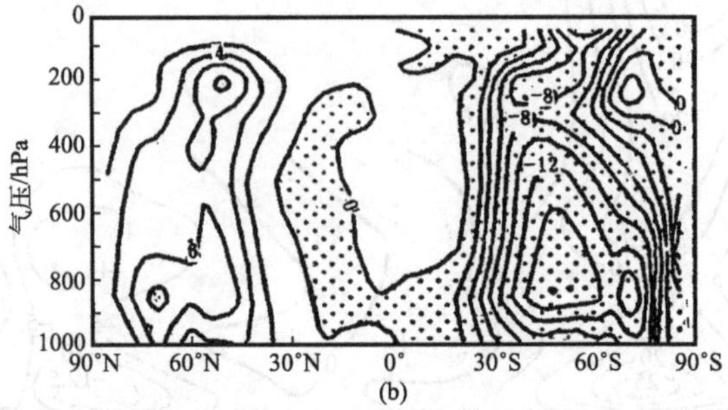

(b)

图 4.3　瞬变涡旋经向热通量分布（$[\overline{v'T'}]$）(单位：℃·m/s) (Hoskins et al.，1989)

(a) 12～2 月；(b) 6～8 月

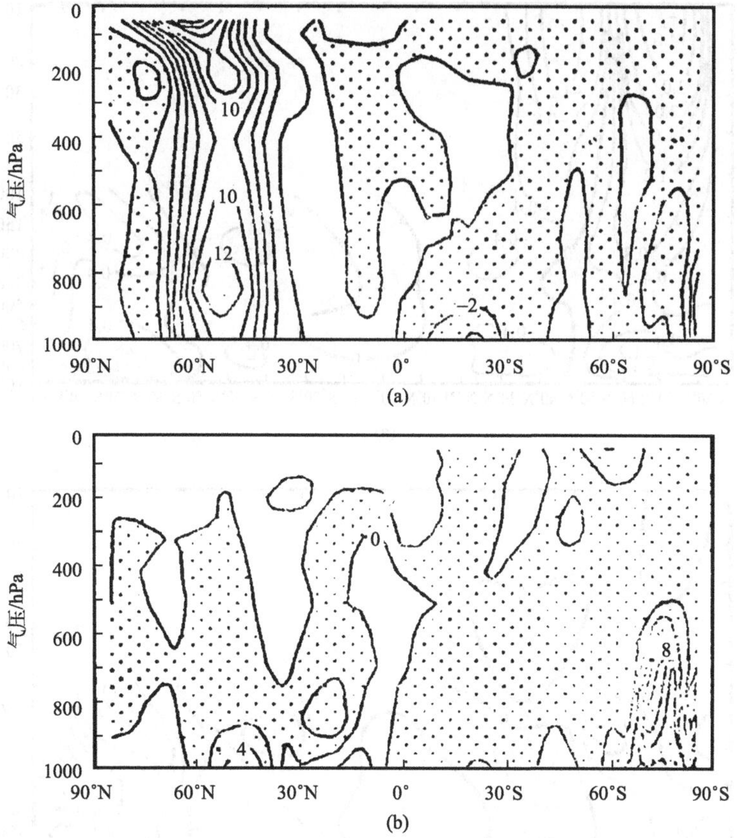

图 4.4　定常涡旋经向热通量分布($[\overline{v}^{*}\overline{T}^{*}]$)(单位：℃·m/s)(Hoskins et al.，1989)

(a) 12～2 月；(b) 6～8 月

图 4.5 是涡旋经向输送辐合对 $\frac{\partial[\overline{T}]}{\partial t}$ 的贡献。对流层 50°N(S) 以北(南)为强增温区，热带有一弱增温区，中纬和副热带纬度为降温区。北半球极区冬季平流层是涡旋经向输送极大增温区，以抵消辐射的强失热(图 4.8(a))。

4) 涡旋垂直热通量及其辐合、辐散作用(右第④、⑤项)

图 4.6 和图 4.7 分别是 Hoskins 等(1989)利用 ECMWF 资料计算的瞬变涡旋和定常涡旋对感热的向上输送。图 4.6 为$[\overline{\omega' T'}]$，对流层中高纬向上输送为主，冬强于夏，范围广泛；图 4.7 为$[\overline{\omega}^{*}\overline{T}^{*}]$，冬强夏弱，范围较小，它明显弱于$[\overline{\omega' T'}]$。

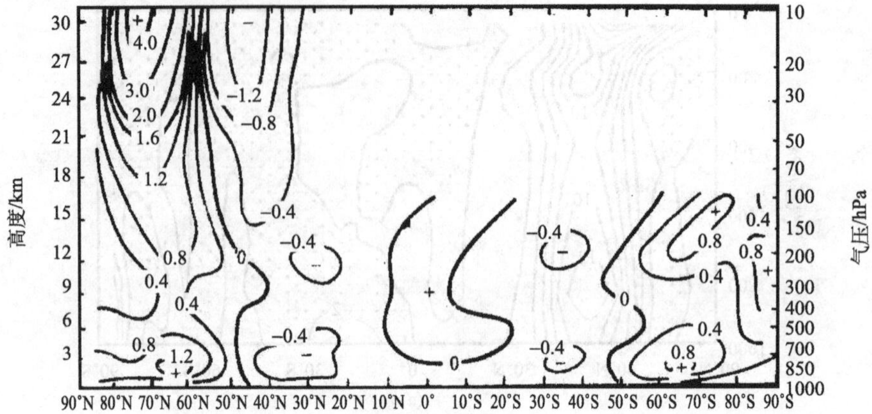

(a)

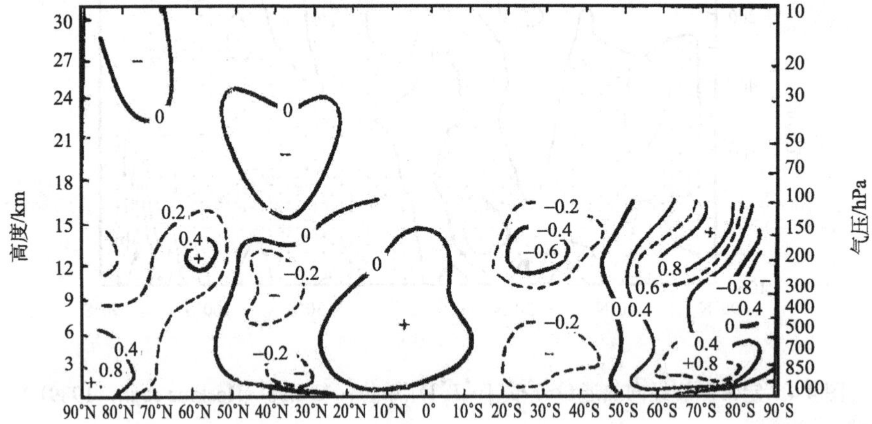

(b)

图 4.5　涡旋经向输送辐合对局地气温变化 $\partial[\overline{T}]/\partial t$ 的贡献(单位：℃/d) (Hoskins et al.，1989)

(a) 12～2 月；(b) 6～8 月

5) 非绝热过程的影响(右第⑥项)

(4.8) 式右端第⑥项可分解为 $[\overline{Q}]=[\overline{Q}_1]+[\overline{Q}_2]+[\overline{Q}_3]+[\overline{Q}_F]$，其中，$Q_1$ 表示辐射加热作用；Q_2 表示潜热释放；Q_3 是边界层加热；Q_F 为摩擦加热作用。$[\overline{Q}_F]$ 指由于动能的摩擦消耗而使大气加热的作用，一般以摩擦层内值较大，但与辐射、潜热相比要小得多，故可略去不计。

图 4.8 是 Newell 等(1974) 估算的辐射加热对局地气温变化的贡献。对流层几乎全为辐射失热区(夏半球极地弱加热区除外)，散热中心在热带 300～400hPa，强度近–2℃/d；夏半球极地对流层出现弱加热区，是因为极昼长日照、水汽相对

少的缘故(水分蒸发引起的冷却比其他成分对太阳辐射吸收造成的加热更大)。平流层热带辐射增温，中高纬主要是辐射失热。

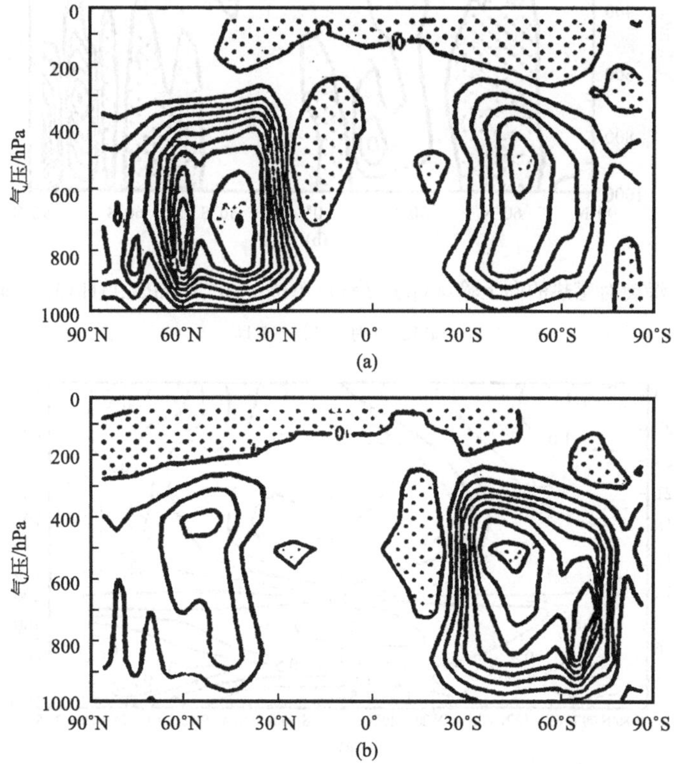

图 4.6　瞬变涡旋对感热的向上输送($[\overline{\omega' T'}]$)(单位：10^{-4}℃·hPa/s) (Hoskins et al.，1989)

(a) 12～2 月；(b) 6～8 月

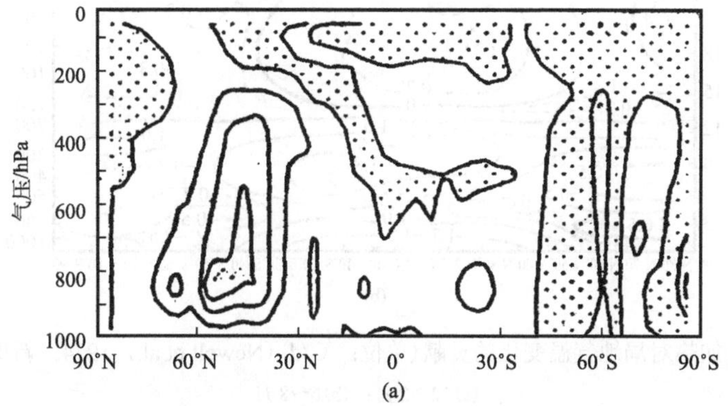

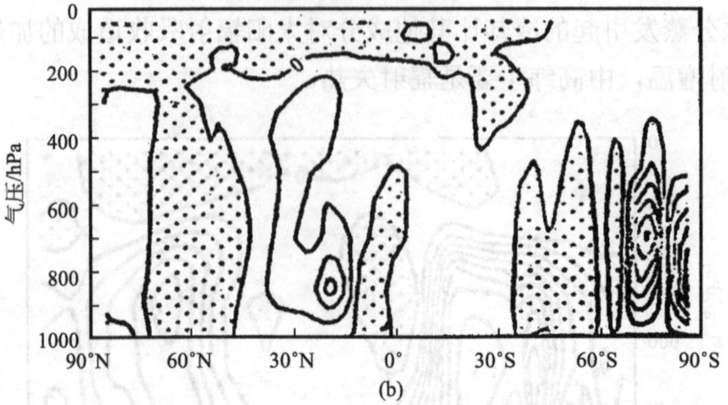

图 4.7　定常涡旋对感热的向上输送（$[\overline{\omega}^*\overline{T}^*]$）（单位：$10^{-4}$℃·hPa/s）(Hoskins et al.，1989)

(a) 12～2 月；(b) 6～8 月

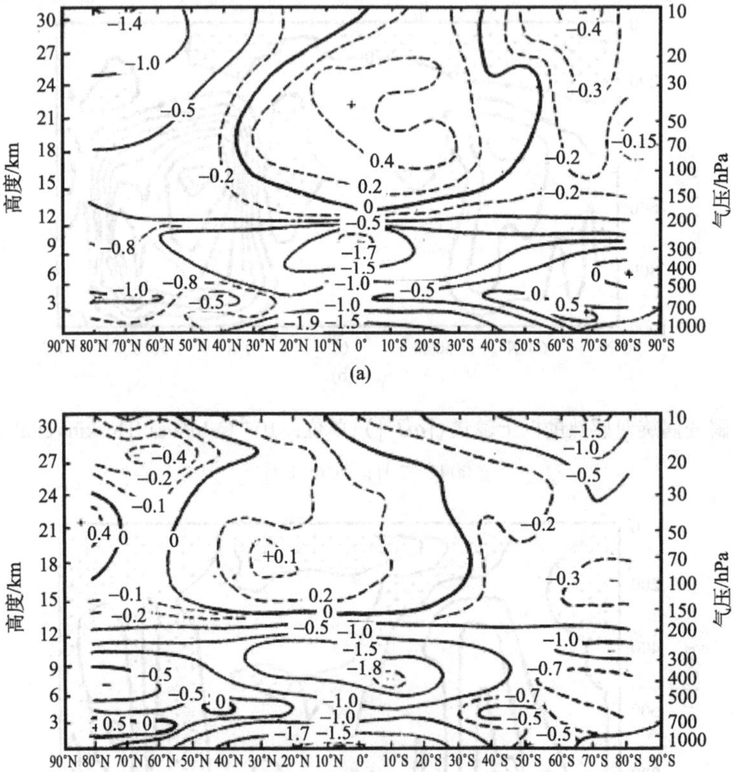

图 4.8　辐射加热对局地气温变化的贡献（单位：℃/d）(Newell et al.，1974；新田尚，1987)

(a) 12～2 月；(b) 6～8 月

图 4.9 是根据实测总降水量估算的潜热释放率，图 4.10 是根据实测降水量及云和垂直运动估算的潜热释放率对 $[\bar{T}]$ 贡献。三个中心分别在热带对流层中上部

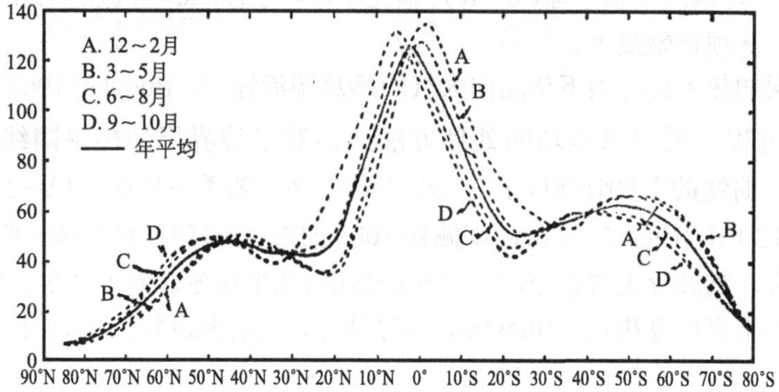

图 4.9　据实际降水量估算的大气柱中总潜热释放量随纬度的分布(单位：kcal/(m^2·a))
(根据 Budyko 和 Kondratiev(1964)的估计值；引自新田尚，1987)

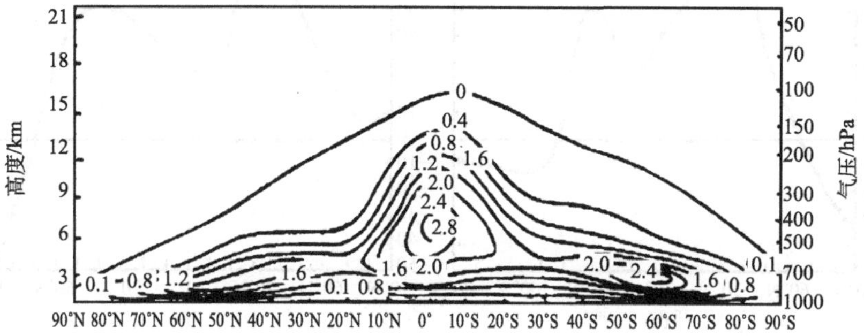

(a)

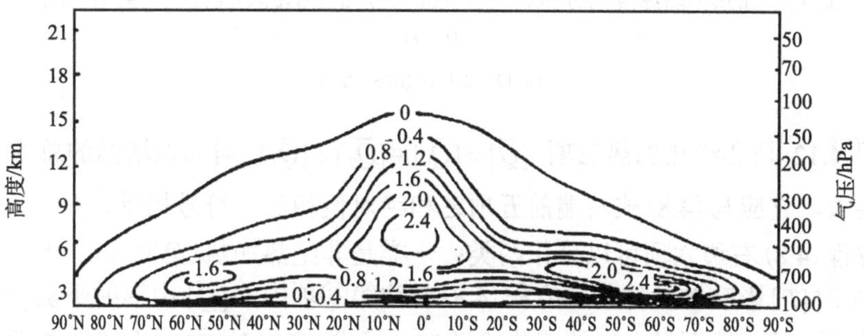

(b)

图 4.10　根据云和垂直运动估算出来的潜热释放对 $[\bar{T}]$ 的贡献(单位：℃/d) (Newell et al., 1974；引自新田尚，1987)
(a) 12～2 月；(b) 6～8 月

(8km)，强度可达 2.8℃/d；南半球中纬度对流层下部(2～3km)，强度 2.4℃/d；北半球中纬对流层下部，强度 1.6℃/d。热带对流层中上部极大值中心位置有季节变化，12～2 月偏向于南半球，6～8 月偏北半球，与 Hadley 环流的上升支相伴随。总的评价，此项贡献最大。

边界层加热率$[\bar{Q}_3]$指下垫面向大气的感热湍流输送。Budyko(1963)根据地面热量收支方程，采用余差项的处理方法，估算了边界层加热率随纬度的分布(图 4.11)。曲线的主(副)峰位于北(南)半球中纬并随季节移动，12～2 月分别位于 40°N 和 30°S 附近，6～8 月向南偏移 10°～15°；赤道附近夏半球一侧有相对极小值。注意，高纬度大气甚至将热量传给地面(北半球冬，南半球冬、夏)。它由边界层气温垂直梯度决定。Budyko(1963)估计，$[\bar{Q}_3]$强度仅为$[\bar{Q}_2]$的 1/4～1/5。

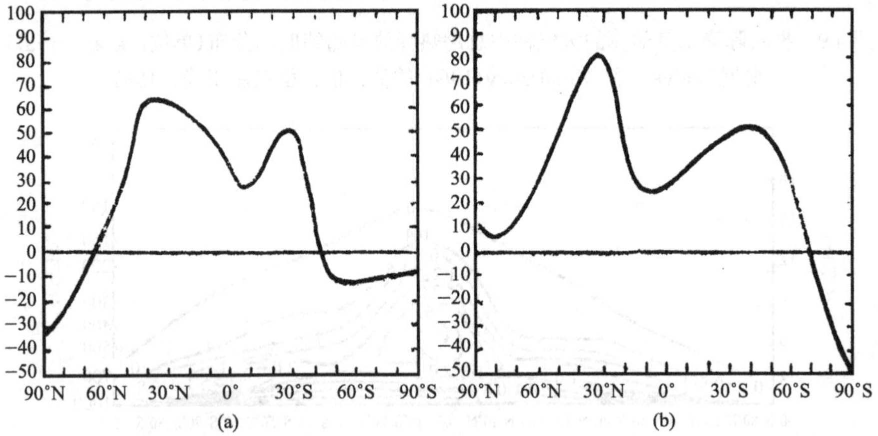

图 4.11　边界层加热率随纬度的分布(单位：cal/(cm^2·d))(Newell et al.，1974；引自新田尚，1987)

(a) 12～2 月；(b) 6～8 月

图 4.12 是非绝热加热三项($[\bar{Q}]=[\bar{Q}_1]+[\bar{Q}_2]+[\bar{Q}_3]$)对局地增温的总的贡献。平衡要求，它应与(4.8)式右端前五项之和绝对值相等、符号相反。

方程(4.8)右边六项可以分作两类：一类是非绝热加热(第⑥项)，是图 2.23、图 2.24 对$[\bar{T}]$影响的具体化。方程(4.8)右边第⑥项中的$[\bar{Q}]$由辐射平衡$[\bar{Q}_1]$、潜热释放$[\bar{Q}_2]$及下界面对大气的感热输送$[\bar{Q}_3]$组成，它们对$[\bar{T}]$的维持的总贡献如图 4.12 所示。其正值区为非绝热得热处，是大气热源所在；负值区为非绝热失热处，是大气热汇所在。另一类是由大气运动引起的影响，它由方程右边①～⑤项构成；它们的总效果是使图 4.12 上的值趋 0(在气候意义上)，以维持图 2.17 平均纬向温度分布$[\bar{T}]$定常。

图 4.12 中最强的加热中心在热带对流层中层和中纬度对流层低层，这主要是潜热释放的贡献。对流层高层(300～200hPa)是冷却区，最强的冷中心位于副热带 30°附近，是辐射冷却胜过潜热释放造成的。低纬度近地面层和高纬度平流层也是辐射冷却占优势。低纬平流层较大范围的弱加热区，是由太阳入射角以及大气对太阳短波辐射的直接吸收决定的。

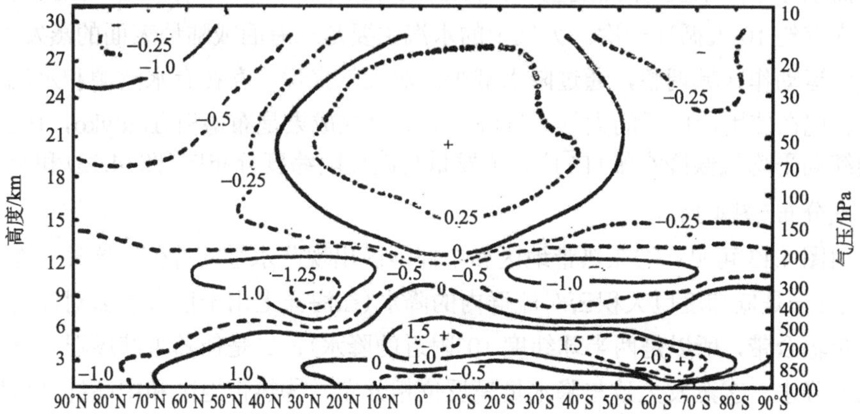

(a)

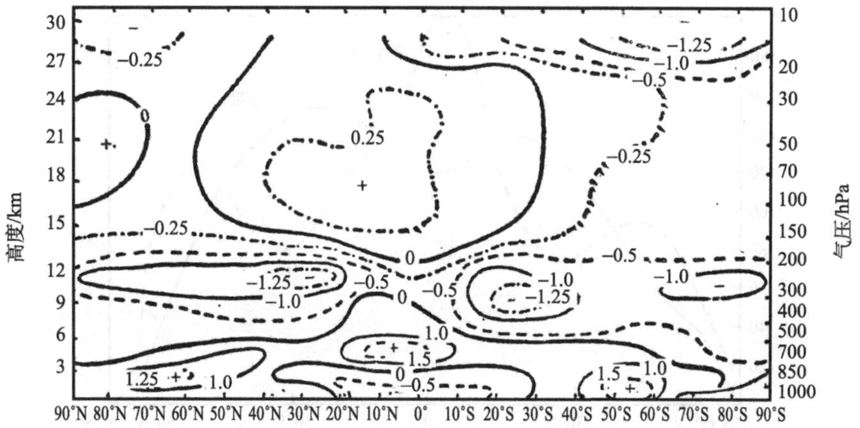

(b)

图 4.12　非绝热加热三项($[\bar{Q}]=[\bar{Q}_1]+[\bar{Q}_2]+[\bar{Q}_3]$)对局地气温变化的总的贡献(单位：℃/d)

(Newell et al.，1974；引自新田尚，1987)

(a) 12～2 月；(b) 6～8 月

4.5 大气中的水分平衡

水分平衡在$[\bar{T}]$维持中的作用反映在非绝热加热项Q_2中。这里仅对水分平衡本身做简要介绍。

平均而言，大气中水汽，若全部凝结为水，可在地球表面形成 2.5cm 厚的水层，而全球年降水量(年蒸发量)约可在地球表面形成 1m 厚的水层。因此，大气中的水汽约 10 天循环一次。大气中的水汽主要是靠海面或陆地表面的蒸发增加，靠大气运动作区域调整，通过降水减少。对大气来说，存在有水汽源和水汽汇的问题。现在使用最广泛的大气水汽源、汇的研究成果是布德柯(Budyko，1964)提供的纬向平均气候降水量($[\bar{P}]$)、蒸发量($[\bar{E}_0]$)随纬度分布图(图 4.13)和蒸发量的地理分布(图 4.14)。

由图 4.13 可见：①在热带地区和中纬地区出现降水量的峰值。这种分布大致取决于：一是低纬度巨大积云对流群内的降水(在海洋上由于巨大积云对流群出现在热带辐合带，所以是两半球纬度 10°附近的降水)；二是伴随中纬度温带低压和锋面的降水。②蒸发大致与降水量呈反位相分布。③热带地区和中高纬地区降水量大于蒸发量，是水汽汇区；副热带地区蒸发量大于降水量，是水汽源区。

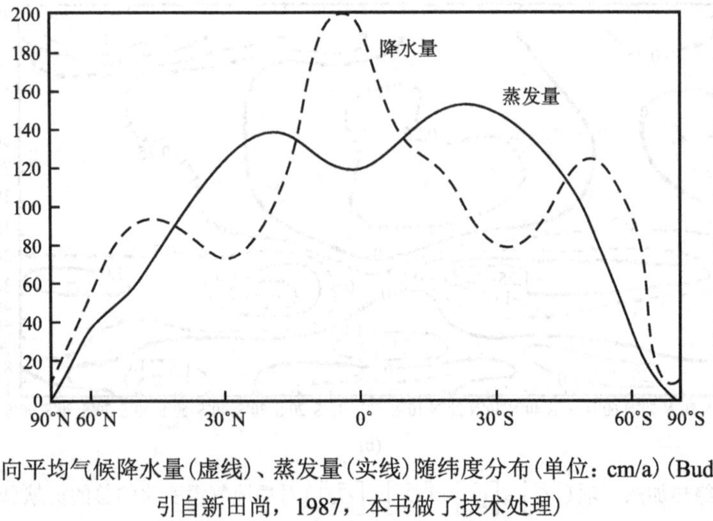

图 4.13　纬向平均气候降水量(虚线)、蒸发量(实线)随纬度分布(单位：cm/a)(Budyko，1964；引自新田尚，1987，本书做了技术处理)

图 4.14 是布德柯(Budyko，1964)给出的气候蒸发量地理分布，它给出了同纬度上蒸发与海、陆下垫面的关系。一般来说，海洋上的蒸发量要比陆地上大一倍以上，并在副热带高压带出现高值区。该地区受高压控制，天气晴朗，洋面海温

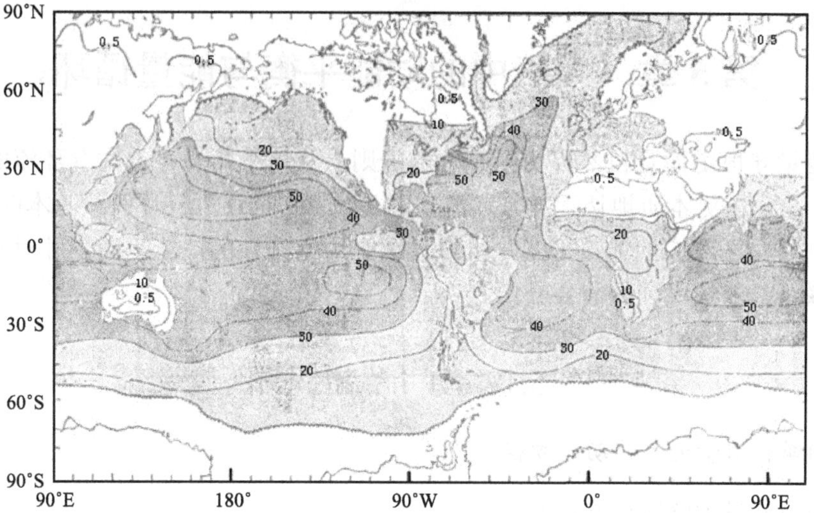

图 4.14　气候蒸发量的地理分布(单位：cm/d)(Budyko,1964；引自新田尚，1987，本书做了技术处理)

较高；与下沉干燥空气接触极有利于蒸发。副热带高压区辐散的气流将水汽输送到热带和中纬度地区，因此，在副热带高压区内强蒸发可持续。陆地上的蒸发与地面气温和降水量成正比，并向赤道方向增加，在那里形成高值区。

定常情况下，大气的水汽源、汇的分布是不变的，故大气中的水汽输送和分布也是稳定的，我们可以像讨论其他物理量输送那样讨论水汽的输送。不过，由于水可以在气、液、固态间相互转换，转换过程又伴随热量释放与吸收，问题比较复杂，这里不再深入讨论。

4.6　总　　结

本章给出了三种大气热量的定义，介绍了热量倾向方程和极冠区大气全热量平衡方程。在平衡假定下，用前人的研究成果，重点分析了纬向平均温度场$[\bar{T}]$的维持机制，给出了大气热量源、汇的分布。对大气中水分平衡做了简要介绍，给出了大气水汽源、汇的分布。

第5章　大气中的动能平衡与能量循环

能量守恒定律是自然界更为普遍的法则，从这个角度讨论大气环流的维持机制，是为了更本质地认识大气环流。运动分量是描述大气环流最基本的要素，动能则是与之对应的能量形式。本章详细介绍大气中的动能平衡，并对与之有直接联系的能量循环做简要介绍。

5.1　动 能 方 程

1) 单位质量大气的动能方程

单位质量大气运动方程为

$$\frac{\mathrm{d}\boldsymbol{V}}{\mathrm{d}t}=-2\boldsymbol{\Omega}\times\boldsymbol{V}-\alpha\nabla p+\boldsymbol{g}+\boldsymbol{F} \tag{5.1}$$

右端四项分别为作用于单位质量气块上的地转偏向力、气压梯度力、重力和摩擦力。用全速度$\boldsymbol{V}$点乘(5.1)式得单位质量大气动能的个别变化方程

$$\begin{aligned}\frac{\mathrm{d}}{\mathrm{d}t}\left(\frac{V^2}{2}\right)&=-gw-\alpha\boldsymbol{V}\cdot\nabla p+\boldsymbol{V}\cdot\boldsymbol{F}\\&=\underset{①}{-\alpha\boldsymbol{V}_h\cdot\nabla_h p}\underset{②}{-w\left(g+\alpha\frac{\partial p}{\partial z}\right)}\underset{③}{+\boldsymbol{V}\cdot\boldsymbol{F}}\end{aligned} \tag{5.2}$$

式中，左端V为$\boldsymbol{V}$的模，右端各项意义如下：

① 为水平气压梯度力做功项，次地转运动(气块穿过等压线从高压区向低压区运动)产生动能，超地转运动(气块穿过等压线从低压区向高压区运动)消耗动能，准地转运动(气块沿等压线运动)不改变动能。

② 为重力、浮力做功项，不稳定层结($-\alpha\frac{\partial p}{\partial z}>g$)中的垂直运动产生动能，稳定层结($-\alpha\frac{\partial p}{\partial z}<g$)中的垂直运动消耗动能，中性稳定层结($-\alpha\frac{\partial p}{\partial z}=g$)中的垂直运动不改变气块动能。大尺度空气运动与静力平衡偏差甚小，此项动能的产生(消耗)可略去。

③ 为摩擦力作用项，摩擦总消耗动能。

这是动能个别变化最基本的结论。

2) 全球大气动能方程

以 ρ 乘(5.2)式，并对某固定空间 Ω 作体积分。其中 $\mathrm{d}\tau'=\mathrm{d}x\mathrm{d}y\mathrm{d}z$ 为 z 坐标系下体元，$K=\dfrac{1}{2}\rho V^2$ 是单位体积空气动能，$\delta=\rho \boldsymbol{V}\cdot\boldsymbol{F}$ 为单位体积空气动能的摩擦消耗项。同前，积分最终可化为

$$\frac{\partial}{\partial t}\iiint K\mathrm{d}\tau'=-\underset{①}{\iint KC_n\mathrm{d}s}-\underset{②}{\iiint \rho g w\mathrm{d}\tau'}-\underset{③}{\iint pC_n\mathrm{d}s}+\underset{④}{\iiint p\nabla\cdot\boldsymbol{V}\mathrm{d}\tau'}+\underset{⑤}{\iiint \delta\mathrm{d}\tau'} \tag{5.3}$$

方程(5.3)左端为 Ω 内大气总动能局地变率(右端①、③项的导出用了高斯公式)。公式右端各项意义如下：

① 项为通过 Ω 边界的动能输入率。C_n 为 Ω 边界 s 上的法向速度(向外为正)，$\mathrm{d}s$ 为界面元；推导中使用了连续方程(如角动量相应方程的推导)。$C_n>0$ 处向外输送，此项为负，Ω 内大气动能减少；$C_n<0$ 时向里输送，此项为正，Ω 内大气动能增加。

② 项为 Ω 内大气位能向动能转化率。可利用连续方程化作 $-\dfrac{\partial}{\partial t}\iiint \rho gz\mathrm{d}\tau'$、$-\iint \rho gzC_n\mathrm{d}s$ 两项之和，它们分别为 Ω 内位能的局地变化率、通过边界的位能输入率。

③ 项为外压力场对 Ω 内大气做功率。$C_n<0$ 处边界上运动向内，这项为正，即外压力场对 Ω 内大气做功，Ω 内大气动能增加；反之，$C_n>0$ 处边界上运动向外，这项为负，即 Ω 内大气对外部大气做功，使 Ω 内大气动能减少。

④ 项为 Ω 内辐散、辐合做功率。实质为 Ω 内部大气内能向动能转化率。

⑤ 项为摩擦对动能的消耗率，因 δ 恒为负，故这一项总使 Ω 内动能减少。

可见，方程(5.3)的意义为：Ω 内大气总动能的变率，由位能、动能通过 Ω 边界的输送率、位能的变化率、外压力场的做功率、内能的转化率与摩擦消耗率之和构成。非绝热过程(改变的是气温，即分子平均运动动能，而非宏观运动动能)不直接制造或消耗动能，故不出现在(5.3)式中。

对全球大气，Ω 的下边界 $C_n=0$，上边界 K、p 为 0(即大气上、下边界都没有空气质量、动能交换)，故①、③项为 0，(5.3)式简化为

$$\frac{\partial}{\partial t}\iiint K\mathrm{d}\tau' = -\frac{\partial}{\partial t}\iiint \rho gz\mathrm{d}\tau' + \iiint p\nabla\cdot \boldsymbol{V}\mathrm{d}\tau' + \iiint \delta\mathrm{d}\tau' \tag{5.4}$$

该式意义为：全球动能来源于重力位能转化、气压场做功(又称压力位能转化)，并经摩擦消耗转化为内能。

利用无限高气柱中内能与位能之关系，可将(5.4)式改写为下面两种等价形式，一种为

$$\frac{\partial}{\partial t}\iiint K\mathrm{d}\tau' = \frac{C_p}{C_v}\iiint p\nabla\cdot \boldsymbol{V}\mathrm{d}\tau' + \iiint \delta\mathrm{d}\tau' \tag{5.5}$$

该式意义为：全球动能产生于高压处膨胀与低压处压缩的普遍存在，而最终消耗于摩擦。另一种为

$$\frac{\partial}{\partial t}\iiint K\mathrm{d}\tau' = -\frac{C_p}{C_v}\iiint RT\frac{\mathrm{d}\rho}{\mathrm{d}t}\mathrm{d}\tau' + \iiint \delta\mathrm{d}\tau' \tag{5.6}$$

该式意义为：全球动能产生于高温处膨胀($\frac{\mathrm{d}\rho}{\mathrm{d}t}<0$)与低温处压缩($\frac{\mathrm{d}\rho}{\mathrm{d}t}>0$)的普遍存在，而最终消耗于摩擦。总之，就全球大气而言，维持大气动能平衡的机制是：高压(高温)区空气膨胀和低压(低温)区空气压缩的普遍存在，这是 Sandström 定理①。

由地气系统辐射收支及热量平衡(2.6 节)，大气子系统热量主要来源于地面，净长波辐射与感热直接加热近地面层大气(高压处)，而长波辐射失去热量在高层大气(低压处)；潜热释放加热也主要在对流层低、中纬完成，那里也是相对的高压区(高温区)。另外，上升(下沉)是$\frac{\mathrm{d}\rho}{\mathrm{d}t}<0$ (>0)最有效的方式，故也可叙述为热力正环流(高温区上升与低温区下沉)的普遍存在是产生动能的根源。实际大气环流中普遍存在的热力正环流(Hadley 环流、极地环流)、台风、中纬天气尺度波动中小尺度系统之二级环流，以及次地转运动均符合 Sandström 定理，故都产生动能。而摩擦最终消耗动能。

① 不能因高压区辐散和低压区辐合而认为高压区产生动能、低压区消耗动能，因单个高、低压区均不为闭合系统；也不能因高温区膨胀和低温区压缩而认为高温区产生动能、低温区消耗动能，因单个高、低温区均不为闭合系统。

由图 2.22 大气系统吸收太阳辐射功率为$1351.53\mathrm{W/m^2}/4\times 0.64 = 216.2\mathrm{W/m^2}$（$1351.53\mathrm{W/m^2}$ 为太阳常数，0.64 是可以转为大气内能的比例），故估计大气热机效率$\eta = 2.3\mathrm{W/m^2}/216.2\mathrm{W/m^2} = 1.06\%$，约为 1%。因热机最大效率也可表达为$\eta = (T_1 - T_2)/T_1$，这里$T_1$、$T_2$为热、冷源处温度，估计$T_1 - T_2 = 2\mathrm{K}$；故大气热机效率$\eta$很低。Lorenz 认为考虑到大气中复杂的过程，这也是大气热机可能达到的效率了。

$1\mathrm{m}^2$水平截面无限高气柱空气约重$10\mathrm{t} = 10^4\mathrm{kg}$；其总动能$15\times 10^5\mathrm{J/m^2}$，$1\mathrm{J} = 1\mathrm{N\cdot m} = 1\mathrm{kg\cdot m^2/s^2}$，单位质量动能$K = 150\mathrm{m^2/s^2}$；故估计大气运动特征速率$V = \sqrt{2K} = \sqrt{2\times 150\mathrm{m^2/s^2}} = 17.3\mathrm{m/s}$，约为 17 m/s。

5.4　全球纬向平均动能 K_z 和涡动动能 K_e 方程

由 Lorenz 环流分解，任何要素均可分解为

$$A = \overline{A} + A' = [\overline{A}] + \overline{A}^* + A'$$

空气运动$\boldsymbol{V} = u\boldsymbol{i} + v\boldsymbol{j}$也可分解为

$$\boldsymbol{V} = [\overline{\boldsymbol{V}}] + \overline{\boldsymbol{V}}^* + \boldsymbol{V}' \tag{5.12}$$

右端 1、2、3 项分别为定常的纬向均匀运动、定常涡、瞬变涡。由此得到单位质量大气的定常纬向运动动能

$$K_z = ([\overline{u}]^2 + [\overline{v}]^2)/2 \tag{5.13}$$

和定常涡动动能、瞬变涡动动能

$$K^* = (\overline{u}^{*2} + \overline{v}^{*2})/2$$

$$K' = (u'^2 + v'^2)/2$$

将K^*、K'合并得单位质量大气的涡动动能

$$K_e = K^* + K' \tag{5.14}$$

1）全球纬向平均运动动能（K_z）方程

全球纬向平均运动动能

$$K_z = \frac{1}{g}\iiint \frac{1}{2}([\overline{u}]^2 + [\overline{v}]^2)\mathrm{d}\tau$$

从p坐标系下水平运动方程出发，可以导出全球纬向平均运动动能变率方程

$$\frac{\partial K_z}{\partial t}=\underset{①}{C_z}-\underset{②}{C_K}-\underset{③}{D_z} \tag{5.15}$$

式右：①项（C_z）是全球纬向平均有效位能 A_z 向纬向平均运动动能 K_z 的转换率，

$$C_z=\{A_z,K_z\}=-\frac{1}{g}\iiint[\overline{\omega}][\overline{\alpha}]\mathrm{d}\tau \tag{5.16a}$$

转换率算符 $\{A,B\}$ 定义为 A 向 B 转换，正值是 A 转为 B，负值是 B 转为 A。

②项（$-C_K$）是纬向平均运动动能向全球涡动动能的转换率，其中

$$C_K=\{K_z,\ K_e\}$$
$$=\frac{1}{g}\iiint\{([\overline{u}^*\overline{V}^*]+[\overline{u'V'}])\cdot\nabla[\overline{u}]+([\overline{v}^*\overline{V}^*]+[\overline{v'V'}])\cdot\nabla[\overline{v}]\}\mathrm{d}\tau \tag{5.16b}$$

③项（$-D_z$），其中 D_z 是全球纬向平均运动动能的摩擦消耗率，其中

$$D_z=-\frac{1}{g}\iiint([\overline{u}][\overline{F}_x]+[\overline{v}][\overline{F}_y])\mathrm{d}\tau \tag{5.16c}$$

方程（5.15）右端三项（即（5.16a）式~（5.16c）式）的物理意义如下。C_z：在纬向平均热力正环流（Hadley 环流圈、极地环流圈）处，C_z 为正，$A_z\to K_z$；在热力反环流（Ferrel 环流圈）处，C_z 为负，$K_z\to A_z$，此项全球积分是相对小而随季节转向的量。C_K：积分号下，是水平运动涡旋（$\overline{V}^*$、V'）将涡旋动量沿纬向平均运动 $[\overline{u}]$、$[\overline{v}]$ 梯度方向输送，$K_e\to K_z$，C_K 为负；反之，则 C_K 为正。在涡旋典型活动的中纬区域，螺旋槽结构有利于 K_e 向 K_z 的转换，使 $C_K<0$，出现“负黏性”现象。此项（$-C_K$）全球积分全年为正。D_z：因（5.16c）式中 $\left[\overline{V}\right]$、$[\overline{F}]$ 总反向，故 D_z 恒为正，即摩擦总消耗 K_z。

2）全球涡动动能（K_e）方程

全球涡动动能

$$K_e=\frac{1}{g}\iiint\{\frac{1}{2}([\overline{u}^{*2}+\overline{v}^{*2}]+\frac{1}{2}[\overline{u'^2}+\overline{v'^2}])\}\mathrm{d}\tau$$

类似（5.15）式，可以导出全球涡动动能方程

$$\frac{\partial K_e}{\partial t}=\underset{①}{C_e}+\underset{②}{C_K}-\underset{③}{D_e} \tag{5.17}$$

式右：①项（C_e）是全球涡旋有效位能 A_e 向涡动动能 K_e 转换率，

$$C_e=\{A_e,K_e\}=-\frac{1}{g}\iiint([\overline{\omega}^*\overline{\alpha}^*]+[\overline{\omega'\alpha'}])\mathrm{d}\tau \tag{5.18a}$$

②项（C_K）是全球纬向平均运动动能 K_z 向涡动动能 K_e 转化率（（5.16b）式），

$$C_K = \{K_z, K_e\}$$

③项$(-D_e)$，其中D_e是涡动动能的摩擦消耗率，

$$D_e = -\frac{1}{g}\iiint([\overline{u}^* \overline{F}_x^*] + [\overline{v}^* \overline{F}_y^*] + [\overline{u'F_x'}] + [\overline{v'F_y'}])\mathrm{d}\tau \tag{5.18b}$$

方程(5.17)的物理意义如下。C_e：若全球统计涡旋高温区(α大)上升、低温区(α小)下沉占优势，即涡旋中热力正环流占优势，则C_e为正，$A_e \to K_e$。大气环流中此项全年为正。D_e：恒为正，涡动摩擦总消耗涡动动能。

5.5　全球纬向平均有效位能A_z和涡旋有效位能A_e方程

1)纬向平均有效位能(A_z)方程

全球纬向平均有效位能

$$A_z = \frac{1}{g}\iiint C_p[\overline{N}][\overline{T}]\mathrm{d}\tau$$

其变率方程为

$$\frac{\partial A_z}{\partial t} = \underset{①}{G_z} - \underset{②}{C_z} - \underset{③}{C_A} \tag{5.19}$$

式右：①项(G_z)是全球纬向平均有效位能制造率，

$$G_z = \frac{1}{g}\iiint[\overline{N}][\overline{Q}]\mathrm{d}\tau \tag{5.20a}$$

取决于非绝热加热与纬向平均效率因子间的全球相关；此项为正，非绝热加热制造A_z。

② 项$(-C_z)$，其中$C_z = \{A_z, K_z\}$，与(5.16a)式同，故$(-C_z)$为全球纬向平均运动动能向纬向平均有效位能转换率，它与占优势的平均经圈环流的热力性质有关；此项$(-C_z)$为负。

③ 项$(-C_A)$，其中的C_A是全球纬向平均有效位能向涡旋有效位能转换率，

$$\begin{aligned} C_A &= \{A_z, A_e\} \\ &= -\frac{1}{g}\iiint C_p\frac{Q}{T}\{[\overline{v}^*\overline{T}^* + \overline{v'T'}]\frac{\partial}{a\partial\varphi} + [\overline{\omega}^*\overline{T}^* + \overline{\omega'T'}]\frac{\partial}{\partial p}\}\frac{[\overline{N}][\overline{T}]}{[\overline{\theta}]}\mathrm{d}\tau \end{aligned} \tag{5.20b}$$

此项与涡旋对感热的逆纬向平均有效位能梯度输送及非绝热加热有关，中纬较大；此项$(-C_A)$为负。

方程(5.19)的意义是：全球纬向平均有效位能总量的时间变率为下面三项之和，即纬向平均有效位能的制造率(G_z)、纬向平均动能向纬向平均有效位能的转

换率 $(-C_z)$、纬向涡旋有效位能向平均有效位能的转换率 $(-C_A)$。

2) 全球涡旋有效位能 (A_e) 方程

全球涡漩有效位能

$$A_e = \frac{1}{g}\iiint C_p \gamma \frac{[\overline{T}^{*2} + \overline{T'^2}]}{2}\mathrm{d}\tau$$

式中，$\gamma = -(\frac{\theta}{T})(\frac{p_r}{p})^{\kappa}(\frac{\kappa}{p_r}\frac{\partial p_r}{\partial \theta})$ 代表稳定度，大尺度问题层结稳定，r 恒为正。若 $\overline{T}^*(T')$ 的空(时)变率大，该处对 A_e 的贡献大；这里，空间仅指纬向。中高纬波动的时空变率较大，故此处涡旋对 A_e 的贡献大。A_e 的变率方程为

$$\frac{\partial A_e}{\partial t} = \underset{①}{G_e} - \underset{②}{C_e} + \underset{③}{C_A} \tag{5.21}$$

式右：①项 G_e 为全球涡旋有效位能制造率，

$$G_e = \frac{1}{g}\iiint \gamma[\overline{Q}^*\overline{T}^* + \overline{Q'T'}]\,\mathrm{d}\tau \tag{5.22}$$

全球范围高温处(时)得热、低温处(时)失热占统计优势，有 A_e 的制造；反之有 A_e 的消耗。或由状态方程 $p\alpha = RT$，高压处(时)得热、低压处(时)失热占统计优势，有 A_e 制造；反之有 A_e 的消耗。此项全年为正。

②项 $(-C_e)$，其中的 $C_e = \{A_e, K_e\}$ 同(5.17)式中的 C_e，为全球涡旋有效位能向涡动动能转换率。此项 $(-C_e)$ 全年为负。

③项 $C_A = \{A_z, A_e\}$ 同(5.20b)式中的 C_A，为全球纬向平均有效位能向涡旋有效位能转换率。此项全年为正。

方程(5.21)的物理意义是：全球涡旋有效位能总量的时间变率为下面三项之和，即涡旋有效位能的制造率 (G_e)、涡动动能向涡旋有效位能的转换率 $(-C_e)$、纬向平均有效位能向涡旋有效位能的转换率 (C_A)。

5.6 诊断分析结果

许多著名气象学家长期从事大气能量及其循环的计算和分析，但因其分析时段及使用方法资料不同，结果不全相同。这里，给出 Oort(1964，据北半球 1 年资料计算所得)及 Oort 等(1983，据 1963~1973 年 10 年资料计算所得)的能量循环图，介绍大气能量循环的诊断成果。

比较图 5.2(a)、(b)，年平均能量存在以下三处重大差别：①涡旋有效位能制

造项 G_e 反号，绝对值较大。②纬向平均有效位能向纬向平均动能的转换项 C_z 反号，但绝对值小。③ K_z、K_e 的大小相反。其余各项只存在量的差异，方向不变。由于图 5.2(b)有更好的资料依据，其结果应更接近真实的全球大气环流能量循环。

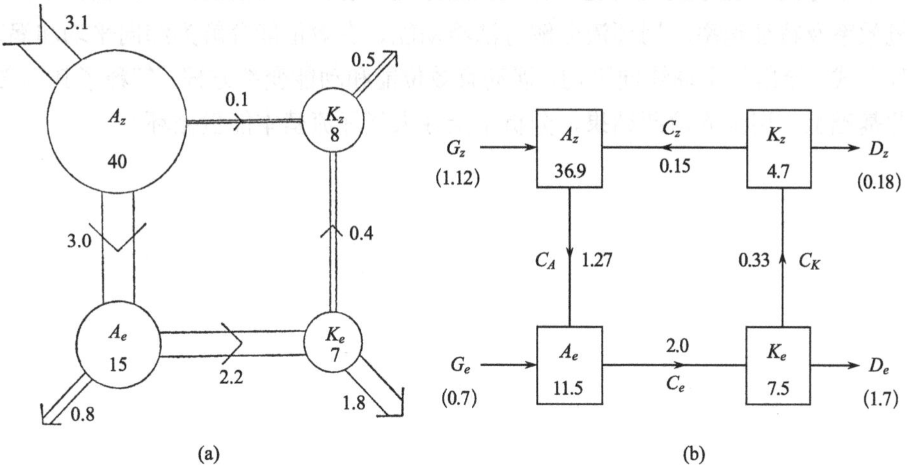

图 5.2　全球年平均大气能量循环估计

能量单位为 10^5 J/m^2，制造率、转换率、耗散率单位为 W/m^2

(a) Oort (1964)；(b) Oort 等(1983)

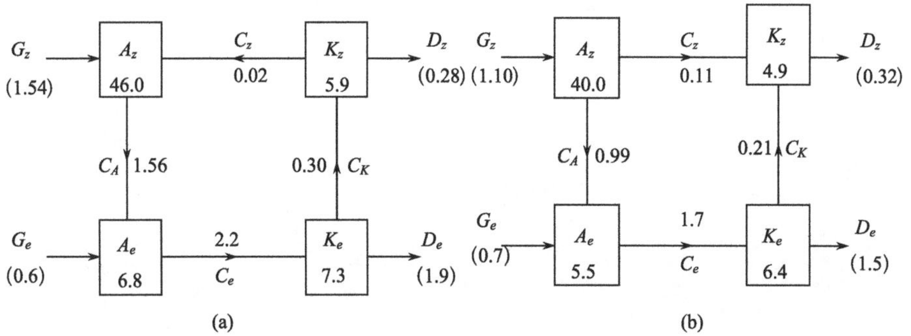

图 5.3　Oort 等(1983)估计的全球季平均大气能量循环

能量单位为 10^5 J/m^2，制造率、转换率、耗散率单位为 W/m^2

(a) 12~2 月；(b) 6~8 月

比较图 5.3(a)、(b)，全球能量的季节差异存在以下两处重大差异：①12~2 月(北半球冬季)4 种能量单位截面积气柱内能量均大于 6~8 月(南半球冬季)，尤以 A_z 明显。②转换项 C_z 反号；绝对值 6~8 月较大，12~2 月近于 0。上述季节差异的原因可以从北、南半球地面不均匀性对环流影响的季节差异理解。

5.7 总 结

本章导出了全球大气动能、有效位能方程，解释了它们的意义，估计了大气热机效率及特征速率。用环流分解方法将动能、有效位能分解为纬向平均和涡动两种形式，给出了全球纬向平均、涡动有效位能和动能变率方程，解释了其意义。在此基础上，用前人诊断结果，分析了全球大气环流基本能量循环。

第 6 章　大气环流数值模拟简介

诊断分析和理论研究是传统的大气环流主要研究方法，前者要求全球三维大气观测资料的长期(30 年以上)积累，后者限于对高度简化大气运动方程组的分析。用实验方法研究大气环流是气象学家的梦想，如同流体力学研究中出现了“实验流体力学”和“计算流体力学”那样，大气环流研究中也出现了“转盘试验”与“数值模拟”两类实验研究方法。随着计算机技术和气象科学的发展，数值模拟方法在大气环流实际研究中的作用远较“转盘试验”重要和普及，本章首先介绍之。转盘试验则在下一章作简单介绍。

6.1　理论基础与方法发展

20 世纪 50 年代以来，随着全球观测系统的日臻完善和电子计算技术(含计算机及算法)的发展，出现了一种研究大气环流的全新方法——数值模拟。

数值模拟方法的本质是通过数值求解大气运动方程组来再现大气环流的变化，据此研究大气环流学关注的问题。其物理根据(Lorenz，1976)是：大气环流“受一组规律所支配，这组规律被了解到相当准确的程度，并且原则上应当能够由这些规律推导出这种环流”。这里，“一组规律”指大气运动遵循的严谨方程组，它包括两个部分：①普适的流体动力学和热力学定律。包括质量守恒定律、牛顿第二定律、热力学第一定律、理想气体定律(注：动力学框架)。②由大气及其周围环境、状态来表示的力和加热定律。包括太阳短波辐射的吸收、反射、散射定律，各种大气成分(主要是 CO_2、O_3、H_2O)对红外辐射的吸收、放射、传送定律，湍流的黏性和传输定律，支配水在大气中的相变的定律(注：物理过程)。

数值模拟方法依赖的工具是数值模式。自从 Phillips 于 1956 年成功设计了两层准地转大气环流模式以来，模式设计和数值试验经历了五个阶段：①启蒙阶段(50~60 年代初)：设计大气环流模式(AGCM 或 GCM)并用它模拟大气气候平均态。②改进阶段(60 年代中~70 年代初)：提高分辨率，改进物理过程，引进实际边界条件；模拟气候平均状态及其季节变化(即控制性试验)；开始发展全球海洋环流模式(OGCM)。③成熟阶段(70 年代中~80 年代初)：出现多个全球 GCM，模拟全球气候变化(即敏感性试验)。④耦合模式设计阶段(80 年代中~21 世纪初)：

由大气环流模式(AGCM)→海气耦合模式(A-OGCM)→海陆气耦合模式(A-L-OGCM)进入直接以气候预测为目的的GCM设计阶段，包括近期引入的集合预报(ensemble prediction system)思想。⑤地球气候系统模式设计阶段(~当前)，包括海、陆、气、冰、生物耦合及气溶胶、大气化学和碳循环过程的复杂地球气候系统模式研发。迄今，国际国内用于大气环流研究的数值模式不下数十种。

中国在大气环流模式的发展方面具有长期的雄厚积累。自20世纪70年代末开始，中国就开始发展大气环流模式，并将其应用于气候过程的模拟研究，在地球系统分量模式的发展及其相互耦合作用方面具有丰富的经验。中国科学院大气物理研究所(IAP)大气科学和地球流体力学数值模拟国家重点实验室的主攻方向是气候模式系统的发展和研究。最近10年来，包括中国国家气候中心在内的中国诸多研究机构，相继投入力量从事气候模式的研发，并踊跃参加CMIP等国际计划，壮大了中国气候模式的研发队伍，提升了中国在国际领域的影响力。

当前国际大气环流模式的发展，正在从只考虑大气、海洋、陆面、海冰各圈层间能量和水通量交换过程的物理系统模式，走向进一步考虑碳、氮循环等生物地球化学过程的地球系统模式。未来10年，将是地球系统模式发展的黄金时期。近年来，随着中国综合国力的增强，中国在地球系统模式研发和模拟上的投入逐年加大，气候模拟研究队伍逐步壮大，模式研发水平不断提高，国际参与度和国际话语权日渐提高。同时，中国高性能计算机技术已经达到世界先进水平，为气候模式的研发和模拟提供了坚实的计算平台。不过，机遇与挑战并存，地球系统模式研发和模拟研究领域的国际竞争日趋激烈，如何总结中国在大气环流模式研发领域的经验，客观评估当前面临的机遇和挑战，并以此为基础，瞄准国际前沿，在国家层次上合理布局、统筹协调，争取在未来的国际竞争中，使中国的地球模式研发和模拟综合水平居国际前沿，是中国气候学界乃至地学界和超级计算学界迫切需要思考的问题。

本章先介绍(6.2节)中国科学院大气物理研究所(IAP)20世纪80年代以来先后发展的其中两个用于大气环流研究的数值模式(“两层大气环流模式IAP GCM-2L”和“灵活的全球海—气—陆系统耦合模式FGOALS”)，从其复杂程度区分，可称为简单单一的大气模式和复杂的耦合模式。再结合IAP GCM-2L的数值试验结果(6.3节)，介绍数值模拟用于大气环流研究的基本知识。目的是使读者对数值模式、数值试验和数值试验结果分析有初步了解。

6.2　数值模式简介

IAP GCM-2L 是中国科学院大气物理研究所曾庆存院士开发的国内最早版本的大气环流模式，它是两层原始方程格点模式。FGOALS-s 是 LASG/IAP(IAP 的大气科学和地球流体力学重点实验室)最近发展的气候系统模式，由海洋、大气、陆面和海冰 4 个分量模式组成。这里，分别对它们作简要介绍。

6.2.1　IAP GCM-2L 模式简介

1) 动力学方程组

p 坐标系中的原始方程组为

$$\begin{aligned}
&\frac{\mathrm{d}u}{\mathrm{d}t}-fv=-\frac{\partial\phi}{\partial x}\\
&\frac{\mathrm{d}v}{\mathrm{d}t}+fu=-\frac{\partial\phi}{\partial y}\\
&\frac{\partial\phi}{\partial p}=-\frac{1}{\rho}\\
&\frac{\partial u}{\partial x}+\frac{\partial v}{\partial y}+\frac{\partial\omega}{\partial p}=0\\
&p=\rho RT\\
&\frac{\partial T}{\partial t}+V\cdot\nabla_p T-(\varGamma_d-\varGamma)\omega=\frac{\dot{Q}}{c_p}
\end{aligned}\tag{6.1}$$

令 $v_\theta=-v, v_\lambda=u$，除状态方程外，它们可表示为如下简单形式：

方程组(1)：$\frac{\partial v_\theta}{\partial t},\frac{\partial v_\lambda}{\partial t},\frac{\partial T}{\partial t}$，连续方程，静力方程

引进标准化大气层结近似，取标准大气的温度为 $\tilde{T}=\tilde{T}(p)$ 和位势为 $\tilde{\phi}=\tilde{\phi}(p)$，它们满足：

$$\frac{\partial\tilde{\phi}}{\partial p}=-\frac{R\tilde{T}}{p},\quad \tilde{C}^2\equiv\frac{R^2\tilde{T}}{g}\left(\frac{g}{C_p}+g\frac{\mathrm{d}\tilde{T}}{\mathrm{d}\tilde{\phi}}\right)=C_0^2 \tag{6.2}$$

$\tilde{C}$ 是重力波的特征传播速度，$\tilde{C}^2=C_0^2$ 使重力波以常相速传播。则

$$\tilde{T}(p)=\frac{C_PC_0^2}{R^2}+\left(\tilde{T}_0-\frac{C_PC_0^2}{R^2}\right)\left(\frac{P}{P_0}\right)^{\kappa}$$
$$\tilde{\phi}(p)=\frac{1}{\kappa}\left(R\tilde{T}_0-\frac{C_0^2}{\kappa}\right)\left[1-\left(\frac{p}{p_0}\right)^{\kappa}\right]-\frac{C_0}{\kappa}\ln\left(\frac{p}{p_0}\right) \tag{6.3}$$

式中，$\kappa=R/C_p$，p_0、$\tilde{T}_0$是标准化海平面气压(1013.25hPa)、温度(288.15K)。

取 T、ϕ 的扰动为

$$T'(\theta,\lambda,p,t)=T(\theta,\lambda,p,t)-\tilde{T}(p)$$
$$\phi'(\theta,\lambda,p,t)=\phi(\theta,\lambda,p,t)-\tilde{\phi}(p) \tag{6.4}$$

得 T、ϕ 的扰动形式的动力学方程组

方程组(2)：$\frac{\partial v_\theta}{\partial t},\frac{\partial v_\lambda}{\partial t},\frac{\partial T'}{\partial t}$，连续方程，静力方程

取大气顶气压 p_t 为一常数(实际取 200hPa)，连同地面气压 p_s，构造一新垂直坐标，

$$\sigma=(p-p_t)/p_{es}\ ,\quad p_{es}=p_s-p_t \tag{6.5}$$

得 σ 坐标系下的原始方程组

方程组(3)：$\frac{\partial v_\theta}{\partial t}$，$\frac{\partial v_\lambda}{\partial t}$，$\frac{\partial T'}{\partial t}$，$\frac{\partial p_{es}}{\partial t}$，$\frac{\partial \phi'}{\partial t}$

其边界条件为：$\dot{\sigma}\big|_{\sigma=0,1}=0$ (大气顶、底垂直速度为 0)。

曾庆存(1979)证明了这样的大气运动方程组所制约的运动总质量守恒，在不计加热和耗散的情况下，其总有效能(动能＋位能)守恒。因此，模式可作长时间积分。

2)大气内部的物理过程

IAP GCM-2L 中的物理过程从俄勒冈州立大学大气环流模式(OSU GCM)移植而来，包含辐射加热、水相变加热、湍流热交换过程。其中，辐射加热包括 O_3、CO_2、H_2O(水汽和云滴)对辐射的影响，云层、地面的吸收和反射，考虑了太阳辐射的季节变化。其中，云型、云量、地面反照率(因冰雪覆盖的改变)均作为模式的预报结果，再影响加热过程。水相变加热考虑了大尺度凝结和次网格尺度积云对流，积云对流参数化根据 Arakawa(1969)方案补充了由 Manabe 等(1964)提出的大尺度干调整。湍流热交换引入了水平、垂直湍流热量扩散模式。

3)地面特征量及其预报方程

IAP GCM-2L 中的地面特征量有地面温度(T_g)、雪量(S_n)、近地面土壤湿度(W_g)，它们随时间变化；其值分别由地表热量平衡方程、雪量平衡方程、水文平衡方程求得。

4)差分方案

(1)空间差分方案。

垂直分层：将 $p_t \leqslant p \leqslant p_s$ 间的大气分为两层，每层厚度 $\Delta\sigma = 1/2$。其中，p_t 为模式大气顶，p_t=200hPa；p_s 为地面或海面气压(图 6.1)。

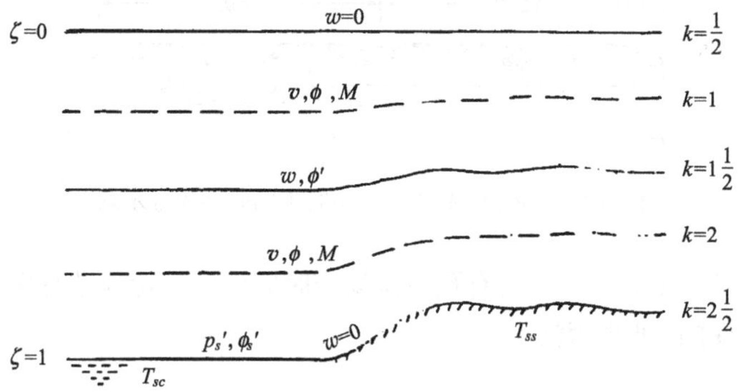

图 6.1　模式垂直分层

水平网格：取 c 格点网，$\Delta\lambda = 2\pi/72 = 5°$，$\Delta\theta=\pi/45=4°$（图 6.2)。

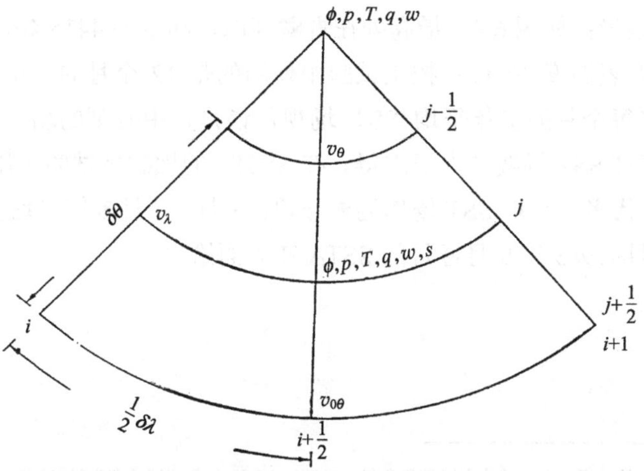

图 6.2　模式水平格点网结构

侧边界条件：东西满足周期性；南北极点据连续性取 v_θ、$v_\lambda\big|_{j=0,\ J}=0$。

空间差分方案及其特点：IAP GCM-2L 改进了 OSU GCM(俄勒冈州立大学大气环流模式)的空间差分方案，满足总质量守恒；非线性项可引起总动能变化，但不引起总有效位能的变化；科氏力不做功；动能和有效位能间的转换严格守恒；动能与有效位能转换的平衡只导致表面位能的变化。上述特点规定了差分解有一个严格的能量变化，且规定了总能量所有部分间严格的转换关系。

(2)时间积分和平滑。

时间积分中用马兹努(Matsuno)方案和蛙跃(leap frog)相结合的方案。时间步长 Δt=7.5min，每小时 8 步；积分一个小时如图 6.3 所示。

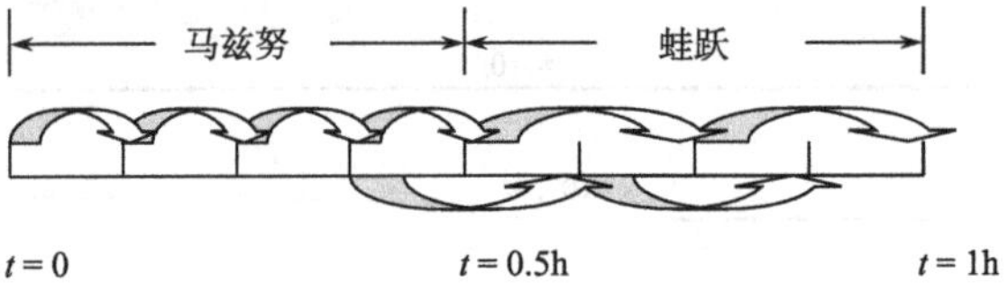

图 6.3　IAP GCM-2L 1 个小时中的时间积分示意图

在每个时间步之后，对所有预报量均作时间滤波。特别是对极区，使用快速傅里叶变换(FFT)滤去短波①。

5)控制模式运转的条件

IAP GCM-2L 的主要控制因素是下边界强迫，它包括模式地形、模式海表温度和地面类型。

(1)模式地形：如图 6.4，最高处在青藏高原，高度为 4415.4m。

(2)模式海表温度(SST)：控制试验中使用的是 12 个月的多年平均 SST。积分过程中，将每个月的多年平均 SST 场视作该月月中时刻的场，而各个小时的 SST 场由相邻月 SST 场线性内插求得。在 SST83 的敏感性试验中用 1983 年相应月月平均场替代多年平均 SST 场作为外强迫。1 月、7 月多年平均 SST 如图 6.5，而 1983 年 3 月~1983 年 9 月逐月的 SSTA 在后面给出。

① 由于时间步长较短、空间差分方案较复杂等，IAP GAM-2L 的数值试验在当时(1986~1988 年)NASA 的亿次机 Syber205 上，积分半个模式月需机时近 6000s(1h40min)。

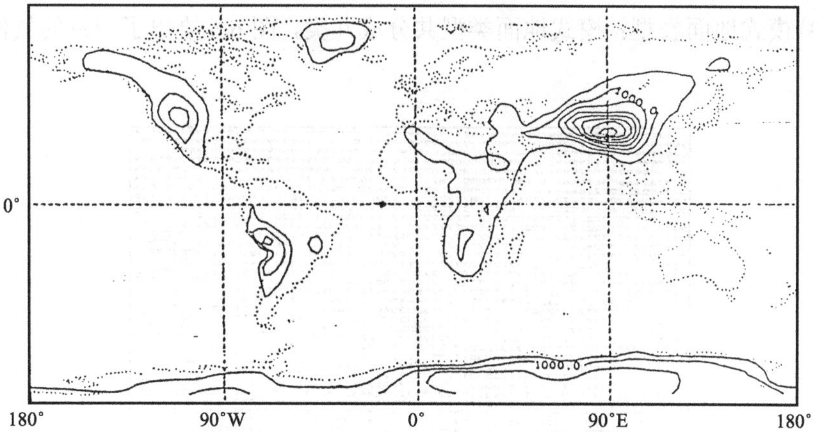

图 6.4　模式地形

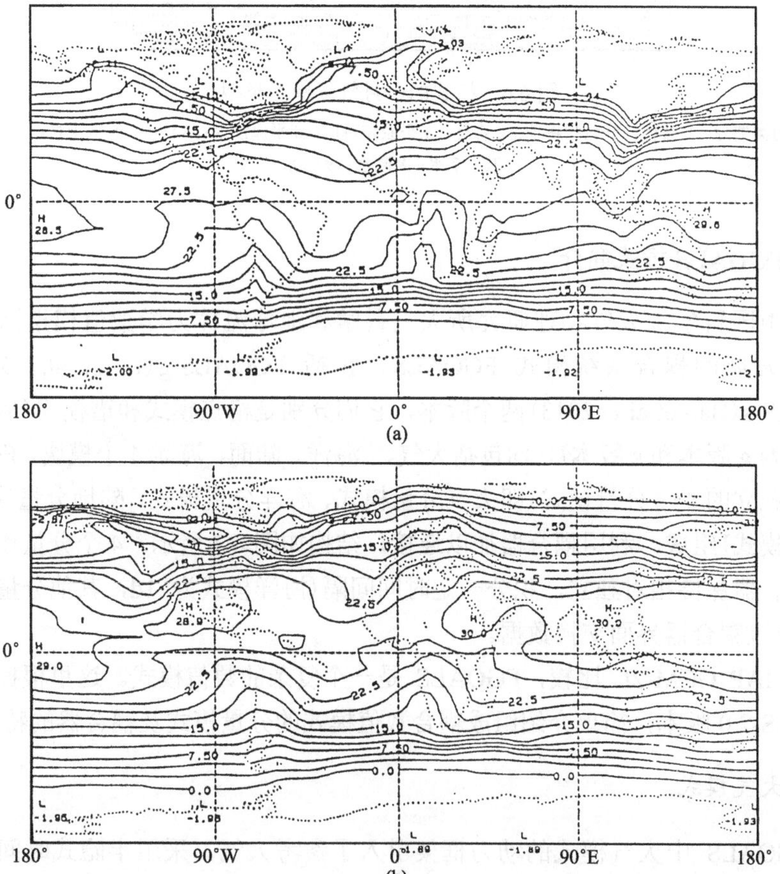

图 6.5　多年平均 SST(单位：℃)

(a)1 月；(b)7 月

(3)模式地面类型：模式地面类型共分成九类，图 6.6 给出了一月的气候地面类型。

图 6.6　模式的一月气候地面类型

数字代表的类型为：1.树林、草地和耕地；2.森林；3.平原和草原；4.平原沙漠；5.沙漠；6.冻土带、山地和极地植皮；7.水；8.陆水；9.海水

6.2.2　FGOALS 模式简介

由中国科学院大气物理研究所大气科学和地球流体力学数值模拟国家重点实验室发展的耦合系统模式 FGOALS，包括 FGOALS-g(Li et al.，2013)和 FGOALS-s(Bao et al.，2013)两个版本，它们分别是格点模式和谱模式(后文将分别简称为 g 版本和 s 版本)，均包括大气、 海洋、陆面、海冰 4 个模块。FGOALS 由相对独立的 4 个分量模式(即大气分量模式、海洋分量模式、陆地分量模式、海冰分量模式)组成，利用耦合器加以连接，结构如图 6.7 所示。4 个分量模式的运行和耦合器保持相对独立，积分一定时间间隔(海洋模式为 1d，其他分量模式为 1h)后通过耦合器界面交换数据。

与 IAP GCM-2L 比较，FGOALS 是一个复杂的数值模式。这里根据最新的 FGOALS-2.0 版本，简单介绍组成耦合数值模式的分量模式及耦合器的特点。

1) 大气模式

FGOALS 中大气模式的动力框架引入了参考大气。采用半隐式时间积分方案；采用模块化架构，并按标准化、模块化和并行化要求，对模式源代码进行了优化处理；特别是引入了物理过程的多种参数化方案。

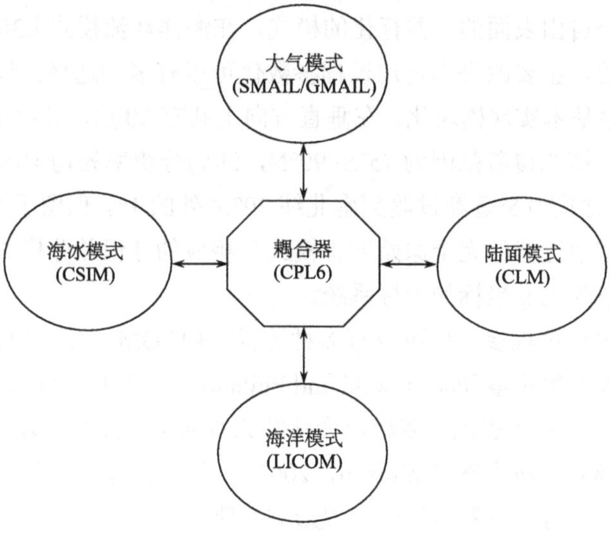

图 6.7　耦合模式 FGOALS 结构示意图

FGOALS 的 g 版本和 s 版本的主要区别在大气模式不一致。g 版本 FGOALS 的大气模式是由 LASG/IAP 发展的格点大气模式 GAMIL2(Grid Atmospheric Model of IAP LASG； Li et al., 2013)，水平分辨率为 2.8°(纬度)×2.8°(经度)，垂直方向 26 层。s 版本的 FGOALS 的大气模式则是 LASG/IAP 发展的大气环流谱模式 SAMIL2(Spectral Atmospheric Model of IAP LASG；Bao et al., 2013)，水平分辨率为 1.66°(纬度)×2.81°(经度)，水平方向为菱形截断，截断波数 42，垂直方向采用 σ-p 混合坐标系，分为 26 层(即 R42L26)。

GAMIL2 和 SAMIL2 的物理参数化过程存在差异。比如：GAMIL2 的积云对流参数化方案为 Zhang 方案(Zhang and Mu, 2005)，云微物理过程引入了双参数云微物理方案(Morrison and Gettelman, 2008)，云量的计算采用 Slingo(1989)方案。SAMIL2 则采用了 Tiedtke 对流参数化方案以及垂直和水平扩散等重要的次网格物理过程(Tiedtke, 1989)，行星边界层采用高阶闭合方案(Brinkop and Roeckner, 1995)，辐射参数化方案为 Sun-EdWards-Slingo 方案(Edwards and Slingo, 1989; Sun and Rikus, 1999a, 1999b)，云参数化方案采用了基于垂直运动和相对湿度的诊断方案(Liu and Wu, 1997)，并考虑了地形重力拖曳波(Palmer et al., 1986)。

2) 海洋模式

FGOALS 的 s 版本和 g 版本中的海洋分量均是在 LASG 第四代大洋环流模式 L30T6 基础上提高模式水平分辨率而发展的 LICOM2(Liu et al., 2012)。

LICOM2 是一个自由表面的、并行化的模式，在海洋环流模式 L30T63(IAP)的基础上改进而来的，主要改进为物理过程参数化可以有多种选择，模式程序由串行变为并行，程序基本实现模块化。在垂直方向上共有 30 层，其中上层 150m 间隔 10m 均匀分布。模式覆盖范围为 75°S~90°N，纬向分辨率为均匀的 1°，经向分辨率由南北纬 10°之间 0.5°逐渐过渡到南北纬 20°之外的 1°。保留了 L30T63 的基本特点：采用非刚盖近似的完全原始方程模式和相应的守恒差分格式，水平方向为球坐标和垂直方向为 η 坐标的坐标系统。

该模式的物理过程参数化可以有多种选择。LICOM 改进了基于 Richardson 数的垂直混合方参数化案(Pacanowski and Philander，1981)，使其(Canuto et al.，2001)适用全球。此外还引入了随纬度变化背景垂直混合系数。基于叶绿素分布改进了太阳短波辐射穿透方案(Ohlmann，2003)，可以具有水平分布和时间变化，能够用于简单研究海洋生物对物理过程影响的研究。

3) 海冰模式

FGOALS 的海冰模式 CSIM 5，是美国国家大气研究中心(NCAR)发展的一个热力-动力学海冰模式，它对于 CSIM4 的改进和调整可以参考 Collins 等(2006)。由于耦合器要求海洋和海冰模式的格点必须完全一致，将海冰模式的水平分辨率改为和海洋环流模式 LICOM 完全一致的经纬网格，而不是原先的将北极点旋转到大陆上的正交曲线坐标。CSIM5 采用了与 LICOM 完全一样的海陆分布。此外，为了更好匹配 LICOM 和大气模式，对海冰中的反照率和时间步长进行了调整。

4) 陆面模式

FGOALS 中的陆面分量模式 CLM，采用了由 NCAR 发展的 CLM 3.0(Community Land Model 3.0)。该模式在垂直方向上有 10 层，使用了来自卫星观测的陆面类型和植被类型数据。能够显式地处理土壤的液态水和冰，并且还包括一个多层的雪盖模型和河流径流模型。对 CLM3.0 做的改进，有效减小了 2m 高度的气温偏差。

5) 耦合器

FGOALS 采用的耦合器是美国国家大气研究中心(NCAR)研制的通量耦合器 CPL6(Flux Coupler Version 6)，CPL6 控制整个耦合系统的运行，实现各个分量模式间的数据(状态量和通量)交换，保证运行高效率。

综上，FGOALS 的 g 版本和 s 版本间存在差异，如格点模式和谱模式的差别，包含的物理过程及其参数化，差分方案的差别，等等。它们的设计依据，均为对客观世界研究对象变化规律的物理理解，人们可借助它们加深对研究对象变化规律的认识。

6.3　数值试验举例

本节以 IAP GCM-2L 一个数值试验的部分结果分析为例，介绍数值试验的一般过程。

6.3.1　试验方案

袁重光等在中美季风协作研究(1986~1988 年)中用 IAP GCM-2L 做了两种试验：控制性试验(记为 C)和敏感性试验(记为 SSTA)。

控制性试验是指在给定内部参数及气候外强迫条件下进行的数值试验，目的是测试模式模拟气候大气环流的能力。敏感性试验是在改变内部参数或施加异常外强迫条件下进行的试验，目的是测试模式大气环流对内部参数改变及外强迫异常的响应。控制性试验是敏感性试验的基础。

进行了两种控制试验 C1 和 C2，它们仅在初始条件上有差异：C1 的初始条件是 1 月 1 日 0 时的气候纬向平均气流$[\overline{u}]$；C2 初始条件则为 C1 的 12 月 31 日 24 时积分结果$\boldsymbol{V}$。进行了一种 SSTA 试验：它与 C2 仅在下边界强迫上有差异，而其初始条件是 C2 的 3 月 1 日 0 时模式大气；而与 C1 同期的试验，既存在下边界强迫的差异，也存在初始条件的差异。完整试验如图 6.8 所示。

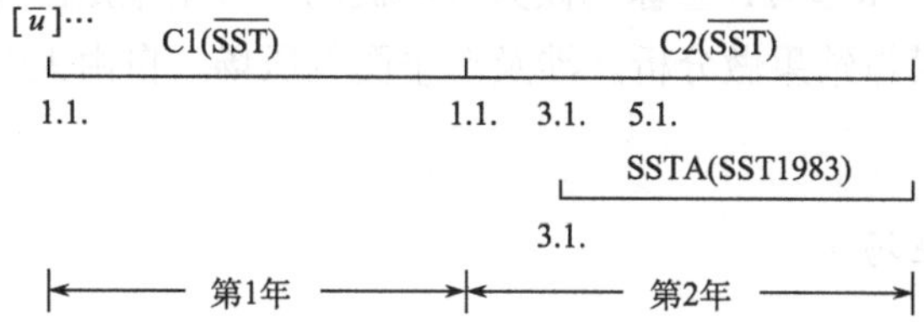

图 6.8　IAP GCM-2L 试验方案示意图

根据分析需要，试验结果最后整理成候平均格点资料的形式输出。先给出 C1、C2、SSTA 试验的 σ=1/4、3/4(约 400、800hPa)及地面三层上的逐候某些要素的场(格距 $\Delta\lambda\times\Delta\varphi=5°\times4°$)，然后再将其插值到分析需要的标准等压面上。

在控制和敏感性试验结果分析前，先考察与模式大气全球能量有关的三个量。图 6.9 给出了 C1 中逐日全球平均的动能(GMKE)、气温(GMT)和射出长波辐射(GMR)的曲线，它们表明：①GMKE 在试验的前 15 天(1 月 1 日~1 月 15 日)内迅速增大，之后则几乎保持不变。②GMT、GMR 也只是在积分开始阶段有些小波动，之后则趋于稳定；但二者均包含一个小振幅的年变化；6~8 月，GMR 达到极小，GMT 达极大值，可能与地球在远日点(夏至)附近接收太阳短波辐射较小有关，也与北半球为暖半球有关。因此，试验结果对于初始场的依赖只存在于积分开始的很短时段内(估计为半个月到一个月内)，模式大气的风、气温和其他场间可以很快达到平衡。GMKE、GMT 和 GMR 曲线表明，IAP GCM-2L 结构虽然简单，但从能量的角度看积分结果是合理的。

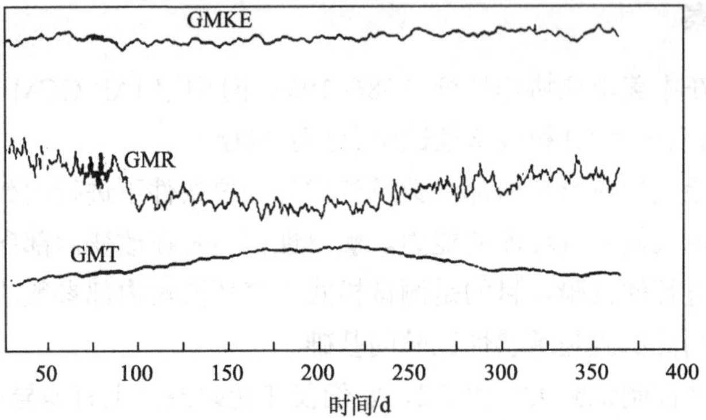

图 6.9　C1 中逐日全球平均动能(GMKE)、气温(GMT)和射出长波辐射(GMR)的曲线

6.3.2　控制性试验结果

全面分析 IAP GCM-2L 全球气候大气环流的模拟结果是困难的，这里仅就它对东亚季风现象模拟结果做分析，涉及海平面气压场、自由大气风场和降水量场的分析。

1) 海平面气压场

冬季，亚洲大陆为蒙古高压控制，中心位置较北；夏季，亚洲大陆为印度低压控制，中心位置较南；东亚夏季风进程与印度低压向东伸出的槽的北移是一致的。这与观测事实接近。

由图 6.10，IAP GCM-2L 模拟出了控制环流由冬季的蒙古高压向夏季的印度低压转变的特征，但东亚夏季风槽季节性北移的模拟不如实际过程明显。不仅如此，对 C2 结果分析表明，IAP GCM-2L 的夏季模拟结果中，仍有蒙古高压残存，它对夏季风槽北移起阻挡作用。

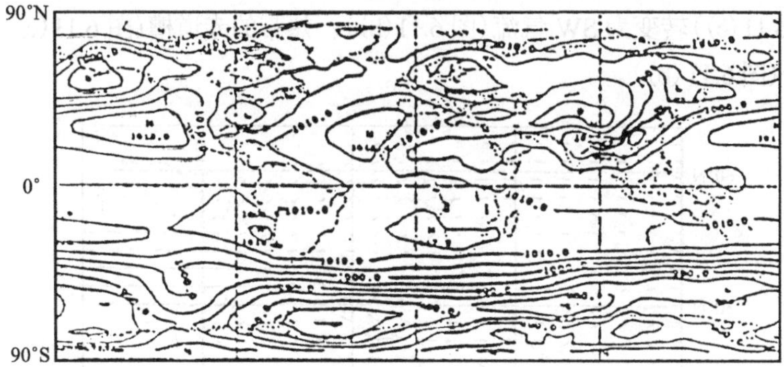

(a)

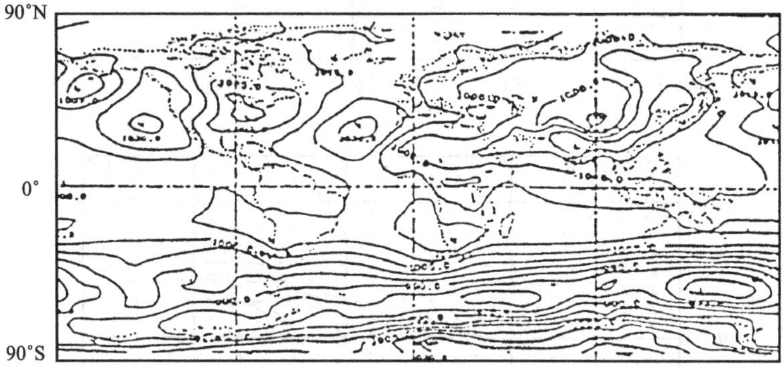

(b)

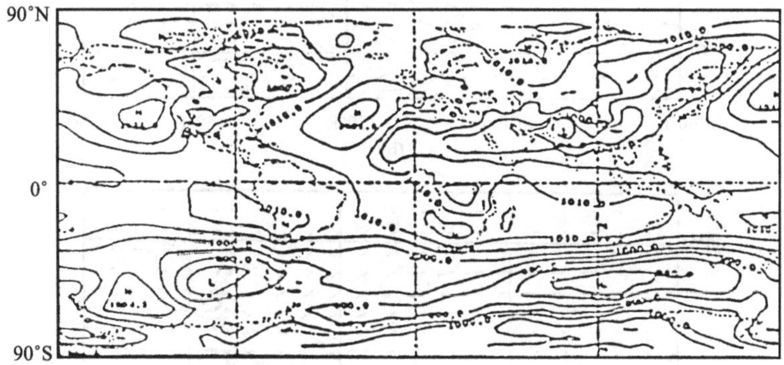

(c)

图 6.10　C1 的月平均海平面气压场

(a)5 月；(b)6 月；(c)7 月

2)自由大气风场

图 6.11 给出了 850hPa 的月平均风场，其上冬夏环流变化明显：11 月亚洲大陆腹地为反气旋(图 6.11(c))，7 月转变为气旋(图 6.11(b))；孟加拉湾至东亚的 WNW

气流(图 6.11(c))转变为 SW 气流(图 6.11(b))；热带的赤道槽(图 6.11(c))转变为赤道缓冲带(图 6.11(b))。

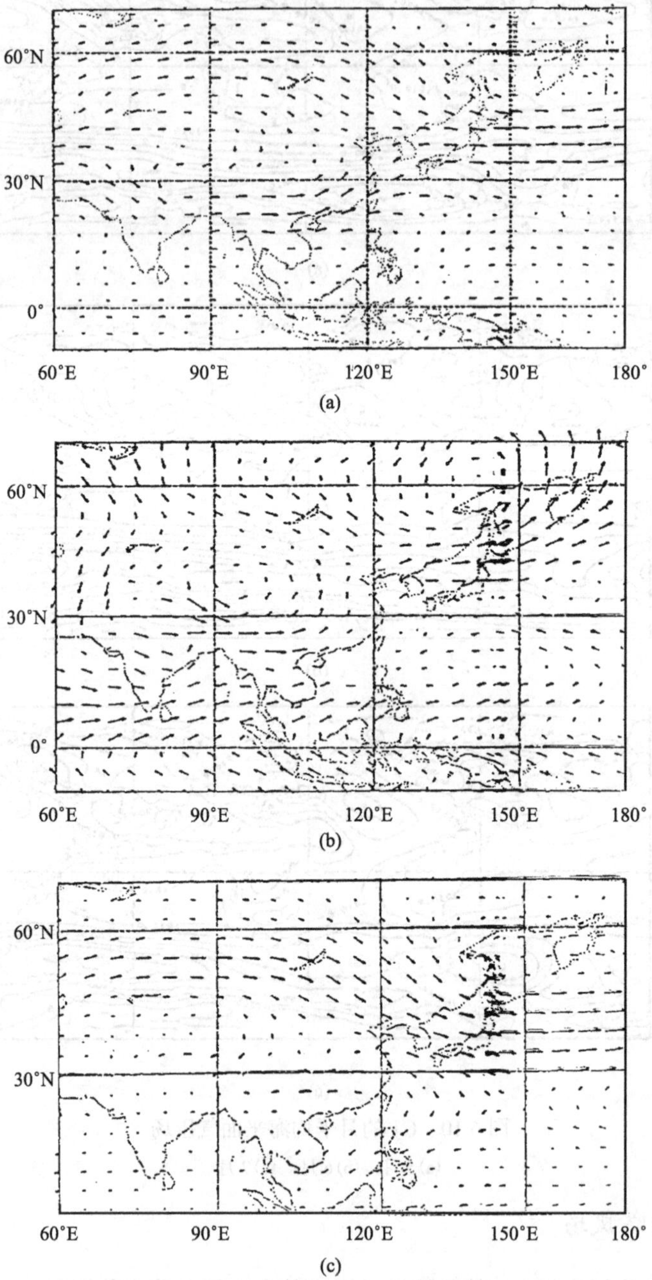

图 6.11　C1 的 850hPa 月平均风场

(a)3 月；(b)7 月；(c)11 月

图 6.12 给出了 400hPa 6 月 2 候(图 6.12(a))、6 月 4 候(图 6.12(b))平均风场，其上：6 月 2 候到 6 月 4 候，西风带发生重大调整，南亚高压移上高原。

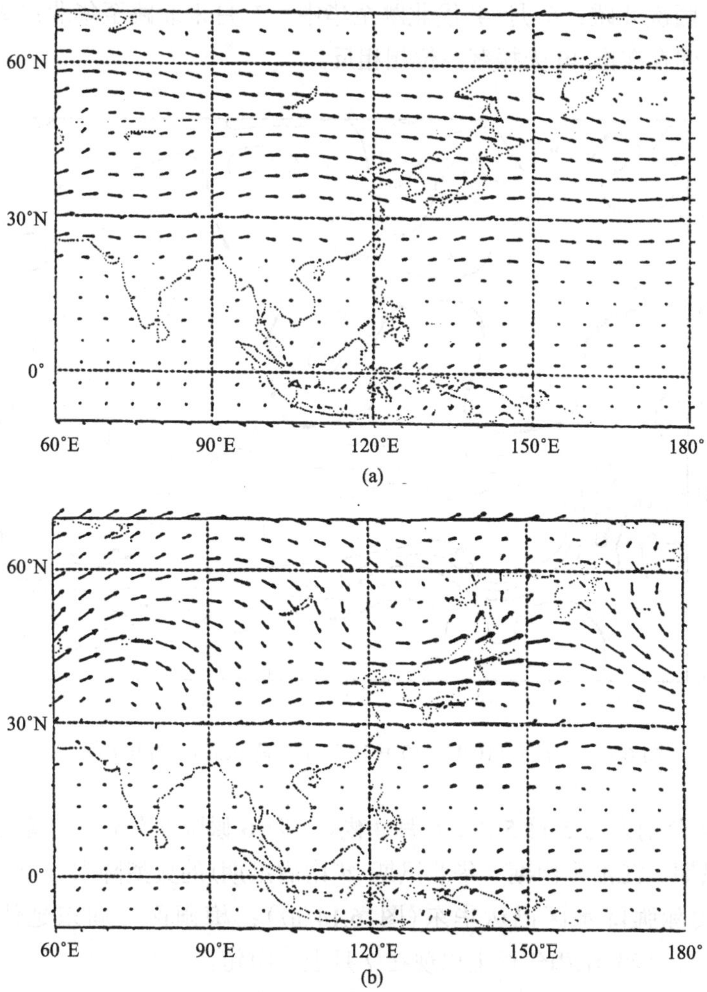

图 6.12　C1 的 400 hPa 候平均场

(a)6 月 2 候；(b)6 月 4 候

3) 降水量场

由春入夏，东亚季风雨带随季节北移。它通常在北移过程中发生两次跳跃：一次在 6 月中旬，从华南北跳至江淮流域，此时华南前汛期结束，江淮梅雨开始；

一次在7月上中旬，从江淮流域北跳至华北，江淮梅雨结束，华北汛期雨开始，华南出现后汛期雨。

图6.13是模式大气110°E~130°E 10天平均降水的旬-纬度剖面图，它表明：①雨带存在两次北跳：6月4候北跳至华中，7月末北跳至华北；②在热带和20°N~40°N间存在准40天振荡，位相相反。

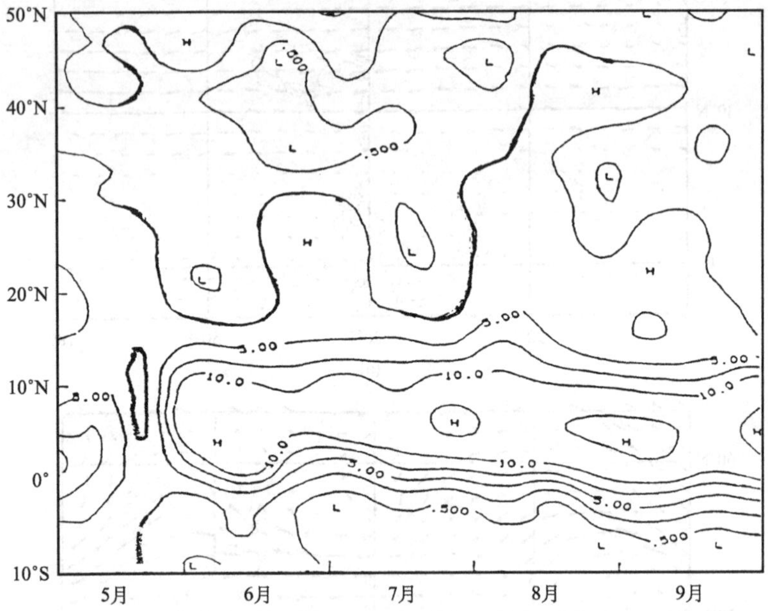

图6.13　C1的110°E~130°E 10天平均降水的旬-纬度剖面图

图6.14分别为与5月5候、6月4候、7月6候降水分布。在东亚大致给出了华南前汛期、江淮梅雨期、华北汛期(华南后汛期)的典型降水分布。可见：华南前汛期实际强降水区已达华东(图6.14(a))；梅雨区应向东延伸至华东区(图6.14(b))；华北汛雨气候上出现在7月上、中旬。

图6.15表示东亚夏季风降水可以中断，是图6.13上6月上旬准40天振荡弱位相时的空间型。可见：典型华北汛雨形势，气候上出现在7月上、中旬。

综上所述，东亚夏季风进程中的如下重要事实在控制性试验中有所反映：①4月、5月间西南季风在南亚建立。②6月中旬前，季风降水稳定在华南；6月中旬，雨带第一次北跳，移至华中，梅雨开始，南亚高压移上高原与雨带第一次北跳同时发生。③约7月第2候，雨带发生第二次北跳，移至华北；华北汛期(华南后汛期)开始，梅雨结束。④与两次雨带北跳相伴随，有西风急流的迅速北撤减

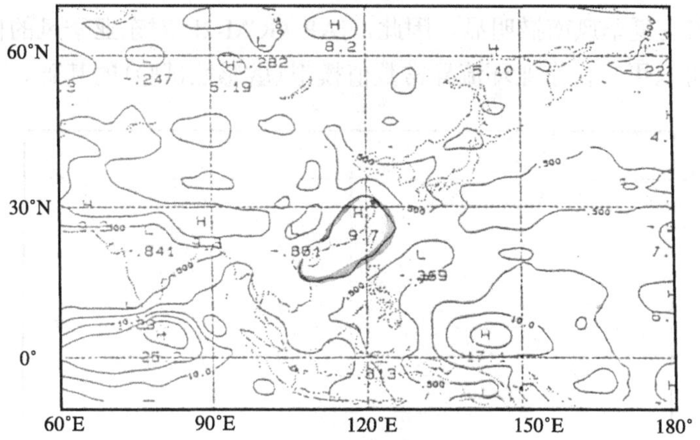

(a)

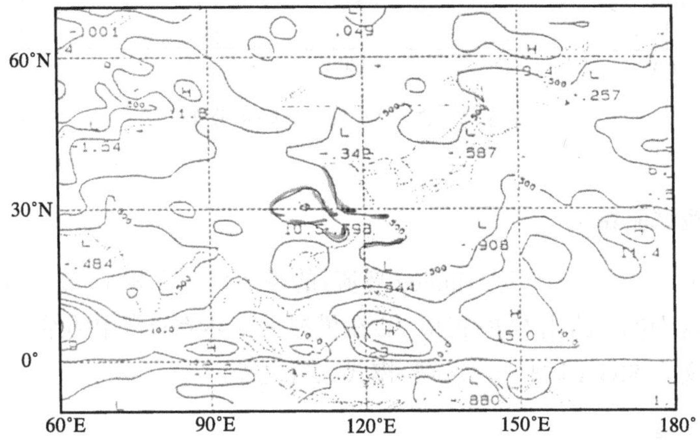

(b)

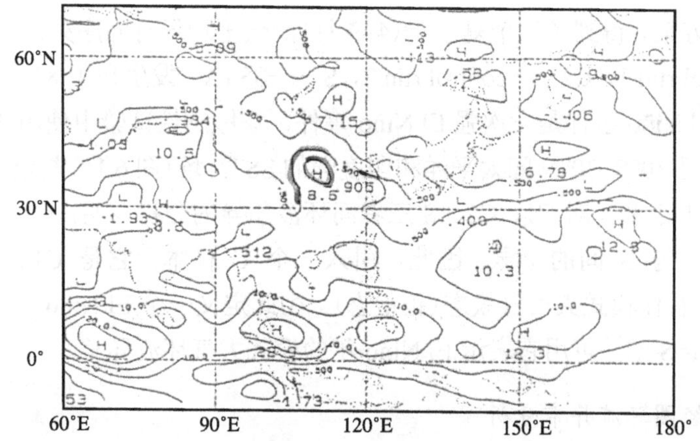

(c)

图 6.14　C1 的候降水量图

(a)5 月 5 候；(b)6 月 4 候；(c)7 月 6 候

弱。⑤9 月东亚夏季风南撤明显。因此，IAP GCM-2L 对东亚季风的模拟基本成功。这也是可以用它作东亚环流异常数值模拟(敏感性试验)的基础。

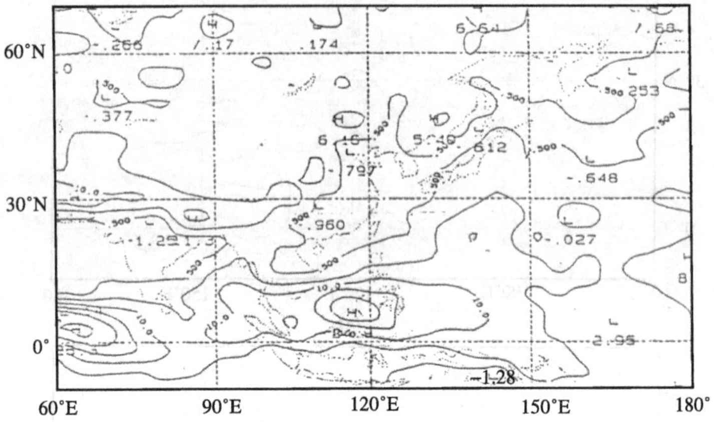

图 6.15　C1 的 6 月 2 候降水分布

6.3.3　敏感性试验结果

这里，仅以平均经圈环流(Hadley 环流)的季节变化及其在厄尔尼诺(El Niño)事件中的异常为例，给出 IAP GCM-2L 在模拟大气环流异常中的结果。模式大气的异常，定义为 SSTA 试验与 C 试验模式大气之差。

1) *分析方案*

按试验方案，得到了三个夏半年(4~9 月)的候平均场时间序列，它们被记为：C1——control run 1，C2——control run 2，S——SSTA。发生在 1982 年 5 月~1983 年 10 月的 El Niño 事件是一次强 El Niño 事件，在敏感性试验中使用的 SST83 是 1983 年 3~9 月 30°S~30°N 间太平洋和印度洋的 SSTA 场(图 6.16)与全球相应各月多年平均 SST 之和。对 C1、C2、S 三者间环流差异的分析表明：C1、C2 间的差异远小于它们与 S 间的差异。因此，引入一个 C 样本，它是 C1、C2 的平均(C1+C2)/2，看作模式大气气候态(正常态)。由此定义一个 El Niño 年大气环流的异常态 SSTA=S–C，可用它表示 El Niño 年的模式大气环流异常。

2) *平均经圈环流异常分析*

按环流分解法求得了 C、S 试验的 4~9 月逐月沿纬圈平均的经向风分量[v]，然后按质量流函数ψ定义式(2.10)式和(2.11)式，用王盘兴(1994)提出的方法求得 C、S

试验的逐月质量流函数ψ_C(图 6.17)、ψ_S(图略)。定义异常经圈环流质量流函数

$$\psi' = \psi_S - \psi_C \tag{6.6}$$

由图(6.18)给出。

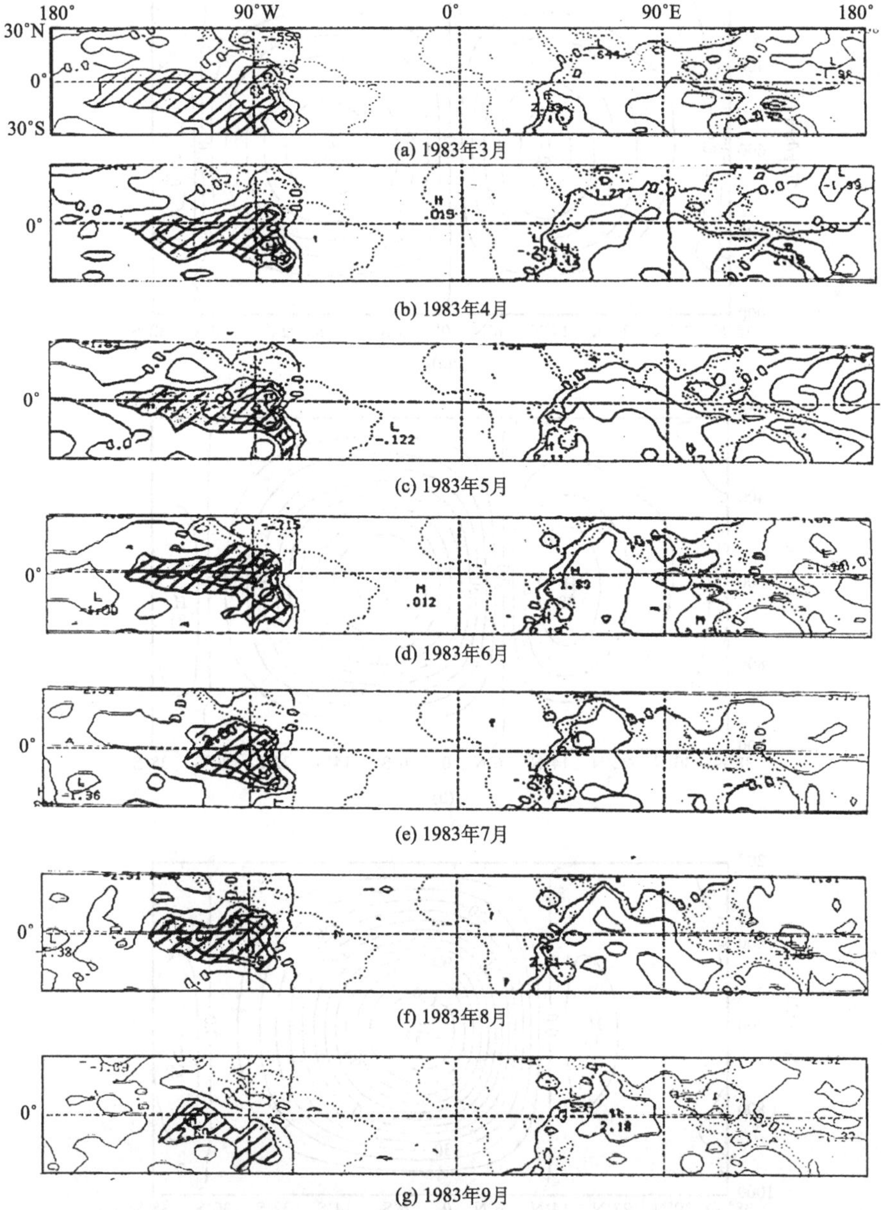

图 6.16　1983 年 3~9 月 30°S~30°N 间太平洋、印度洋逐月 SSTA(单位：℃)

等值线间隔 1，斜线区为 SSTA≥+1.0 的区域

由ψ_C图(图 6.17)可见：4 月北半球春季季中月(图 6.17(a))上的主要系统低纬是以赤道为对称的强度(以中心ψ_C的绝对值为指数)基本相等的热带 Hadley 环流圈(H. C.)和热带外 Ferrrel 环流圈(F. C.)。7 月北半球夏季季中月(图 6.17(d))

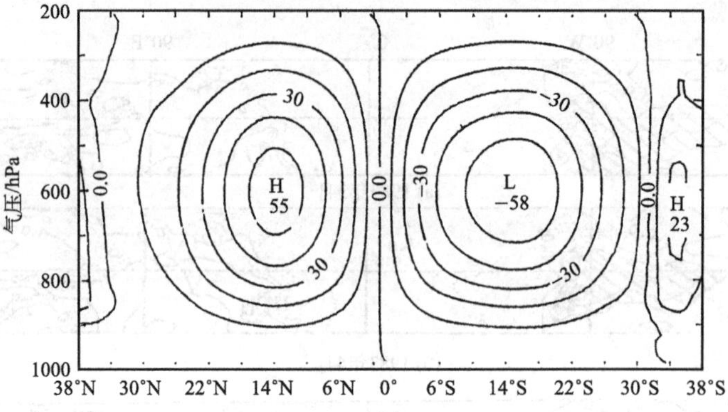

(a)

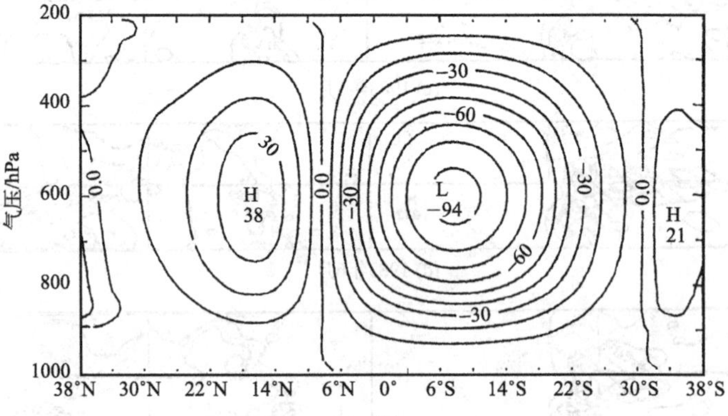

(b)

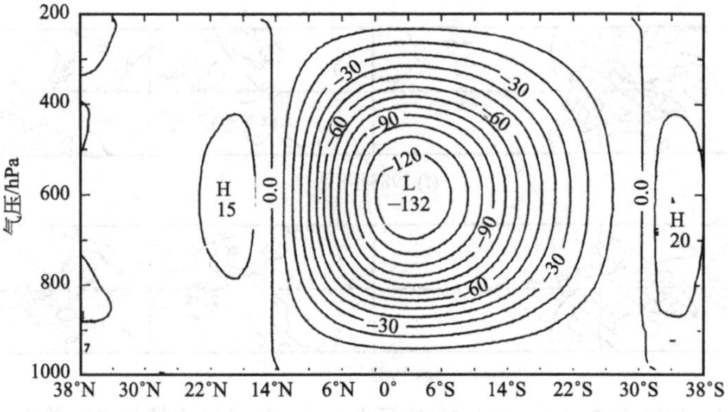

(c)

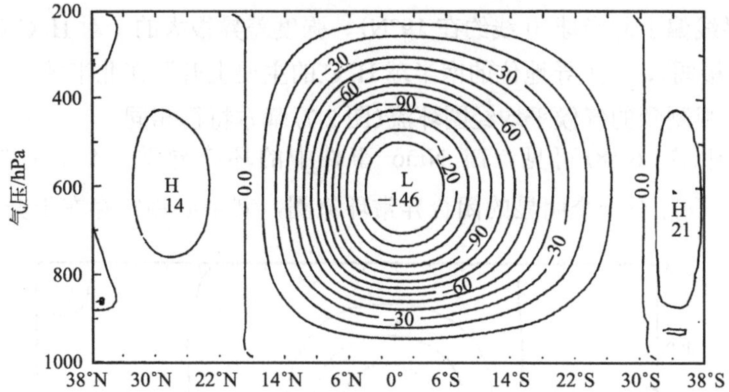

(d)

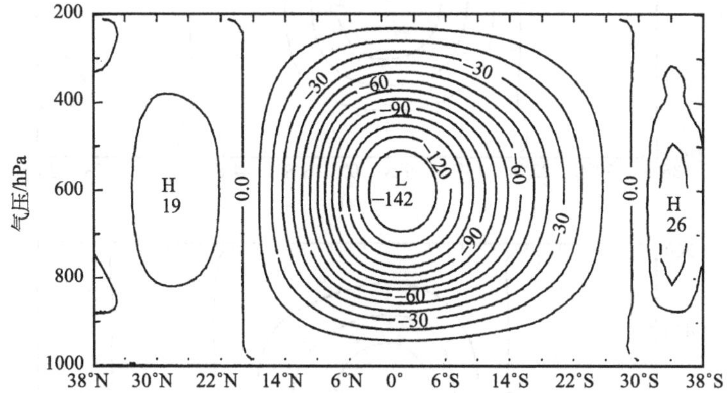

(e)

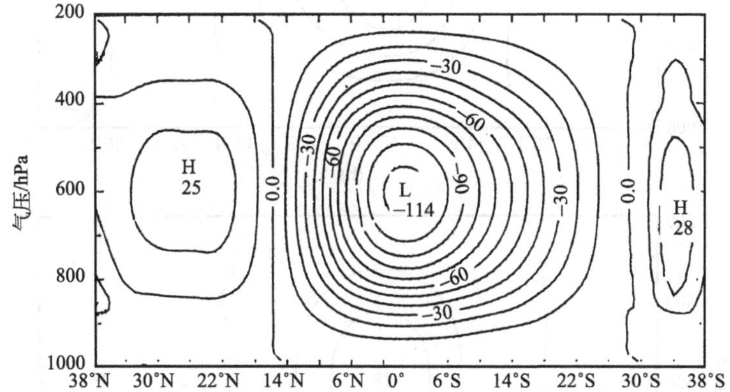

(f)

图 6.17　C 试验的模式大气平均经圈环流质量流函数 ψ_C（单位：10^9 kg/s）

等值线间隔 10。(a) 4 月；(b) 5 月；(c) 6 月；(d) 7 月；(e) 8 月；(f) 9 月

演变成分界线偏于北半球(0 线约在 19°N)、强度差异很大的一对 H. C.(南半球极强、北半球极弱)，占主导地位的南半球 H. C.的主要上升区在北半球内热带纬度，上述特征与观测到的气候平均经圈环流(图 2.7)基本特征相同。

由 ψ' 图(图 6.18)可见：El Niño 事件中的环流异常，4~6 月的 ψ' 图上(图 6.18(a)~(c))有一个明显的闭合异常环流圈，其中心稳定存在于赤道附近的

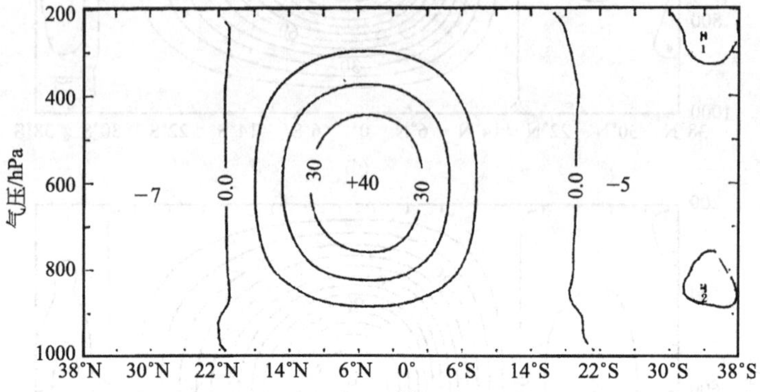

(a)

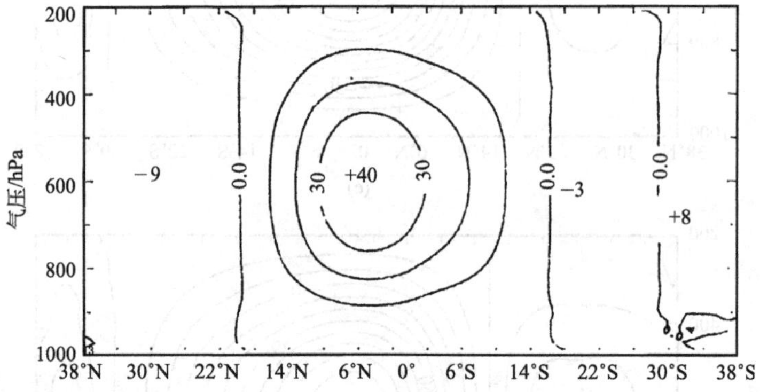

(b)

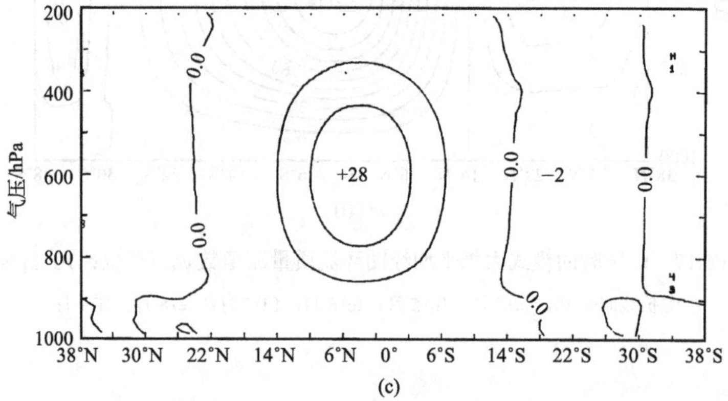

(c)

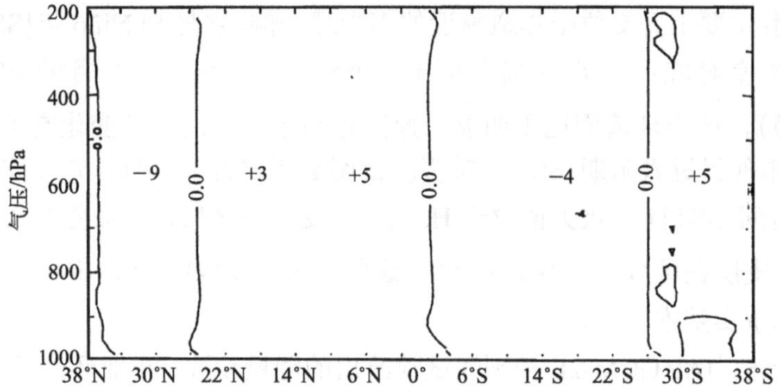

(d)

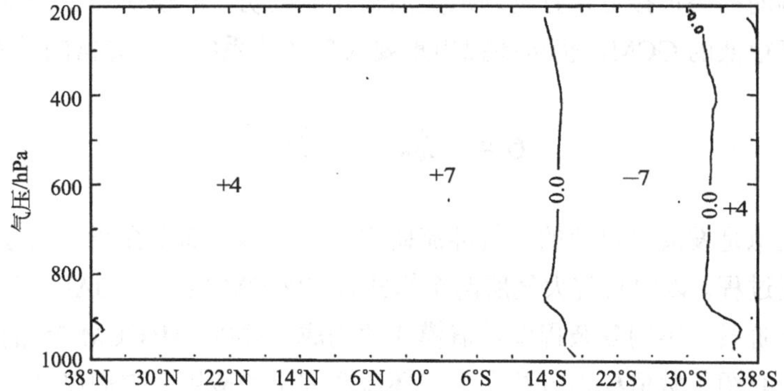

(e)

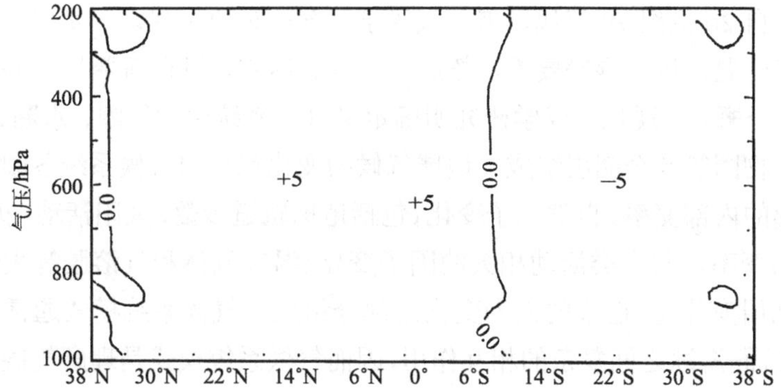

(f)

图 6.18　S 试验的异常平均经圈环流质量流函数 ψ'（单位：10^9 kg/s）

等值线间隔 10。(a)4 月；(b)5 月；(c)6 月；(d)7 月；(e)8 月；(f)9 月

北半球一侧；主要上升支位于赤道附近的南半球一侧，它与 El Niño 年[SST]′(φ) 极大值所在纬度对应；主要下沉支位于 10°N~20°N 间。7~9 月的 ψ' 图上(图 6.18(d)~(f))，闭合环流圈已不明显，原因也与基本流的季节变化有关，也与这次 El Niño 事件已进入末期、SST 异常强度已明显减弱有关(图 6.16)。比较 ψ' 和 ψ_C 知，4、5 月间[SST]′(φ) 极大值位于 H. C.上升支所在区域，它加强 H. C.；7~9 月位于强下沉支所在区域，它减弱 H. C.。这些结果与 1983 年 El Niño 事件中 H. C. 异常的观测事实基本一致。

综上所述，IAP GCM-2L 控制性试验给出的能量参数、东亚环流及 H. C.与观测到的气候比较接近；敏感性试验给出的 H. C.在 1982~1983 年 El Niño 事件中的异常与观测的结果很接近，且物理意义清晰。这表明，即使像 IAP GCM-2L 这种垂直分辨率很低的 GCM，仍可模拟出重要大气环流系统及其异常的基本特征。

6.4 总 结

数值模拟是发展最迅速的大气环流研究方法。本章简要介绍了该方法的理论基础和发展过程。以中科院大气所两个模式(IAP/GCM-2L，FGOALS)为例，介绍了不同发展阶段、不同复杂程度数值模式的构成。并以 IAP GCM-2L 的试验结果分析为例，介绍了数值模拟方法在大气环流研究中的应用。它们仅是了解大气环流数值模拟的入门知识。

另外，自 20 世纪 70 年代以来，气候学研究的重要进展之一是研究范畴从单纯关注大气的温、压、湿等要素，拓展到海洋、冰雪、陆面等圈层，并提出“气候系统”这一概念。现代气候学研究明确定义气候系统由大气圈、水圈、冰冻圈、岩石圈和生物圈等 5 个圈层组成。地球气候的变化包括由气候系统各圈层相互作用过程引起的内部变率、自然因子变化(包括地球轨道参数、太阳活动、火山活动)引起的自然变率、与人类活动相关的因子变化(温室气体和气溶胶等大气成分变化、土地利用变化等)造成的人为变化三部分组成。气候系统模式通常刻画了大气-海洋-陆面-海冰之间复杂的相互作用，因而气候系统模式是理解气候系统的变化规律、再现其过去演变过程、预测和预估其未来变化的重要工具，也是未来数值模式发展的主要方向。

第 7 章　转盘试验简介

转盘试验是大气环流研究的不同于理论研究、诊断分析和数值模拟的另一类方法，它通过流体力学实验方法研究大气环流。因为转盘是此类方法的基本实验设备，故直接称它为转盘试验。与流体力学中理论流体力学、计算流体力学、实验流体力学的分类相对应，大气环流研究中有理论研究(包含动力诊断分析)、数值模拟、转盘试验的分类。

转盘试验的重要性在于，它可以在实验室里进行。在数值模式出现前，它是大气环流实验室研究的唯一手段。转盘试验可以在一定程度上加以控制。容器的形状和大小、流体的性质和数量、外加热源的分布和强度以及旋转的速度都可以预先选定。像流体相对容器的平均速度这样一些内参数，常能根据尝试法(trial-and-error)用调整可控制参数的办法，将其置于所需要的值。

韦亭(Vettin，1857)做了最早的实验，实验的装置是一个直径 30cm 和深 5cm 的旋转圆筒，筒里装了空气。在一个实验里，把冰放在中心，所形成的空气运动的主要特征和哈得来想象的大气环流相似。而基于流体力学相似原理进行的模拟大气环流的转盘试验，始于第二次世界大战后不久芝加哥大学富尔茨(D. Fultz)领导的研究小组，其工作受到 Rossby 和斯塔(V. P. Starr)的鼓励，当初的目的在于探讨大气中物理量的混合过程。几乎同时，英国气象局的海德(R. Hide)领导的研究小组、美国佛罗里达州立大学的普费弗(R. Pfeffer)领导的研究小组各自独立进行了研究和发表了研究成果。Lorenz(1976)则从理论高度对转盘试验做了总结。我国，20 世纪 70 年代起，叶笃正、李国庆与美籍华人气象学家张捷迁等合作，在研究青藏高原对大气环流的影响及与我国关系密切的一些大气环流问题进行了转盘试验研究(叶笃正和张捷迁，1974；李国庆，1989；张捷迁等，1975)。

转盘试验的优点无疑是它的可操控性和结果的直观性。在一系列研究工作中，转盘中出现了 Hadley 环流型、Rossby 环流型、绕极涡旋、西风急流、锋面、锋面气旋(气旋族)。对转盘中环流进行的角动量输送的计算发现，所有纬度都有纬向平均的向北输送量，在低纬度接近最大西“风”处有一个极值，而且几乎所有输送由涡旋完成；因此，转盘中的涡旋和大气中的涡旋在角动量平衡方面起着类似的作用。但对复杂的实际大气环流，转盘试验的设计和结果的系统、精细测量都很困难。因此，20 世纪后期，随着数值模拟的发展，转盘试验作为一种实验研究手段的重要性减弱。

本章简单介绍转盘试验装置及最基本的成果，目的在使初学者对它有最初步的了解。如有兴趣于这一方法，可从所列经典著作入手学习。

7.1　转盘试验装置

转盘试验的装置是转盘。转盘有两种基本类型：一是圆盘状容器，转轴位于盘心、垂直于盘面；一是以转轴为中心的圆环状容器(图 7.1)。转盘中放入流体(通常都用水)，内外壁温度可控，模拟地球大气低纬加热、中高纬失热效应。当试验装置做反时针旋转时，旋转流体的受力效果近似北半球某纬带大气(重力、地转偏向力)。

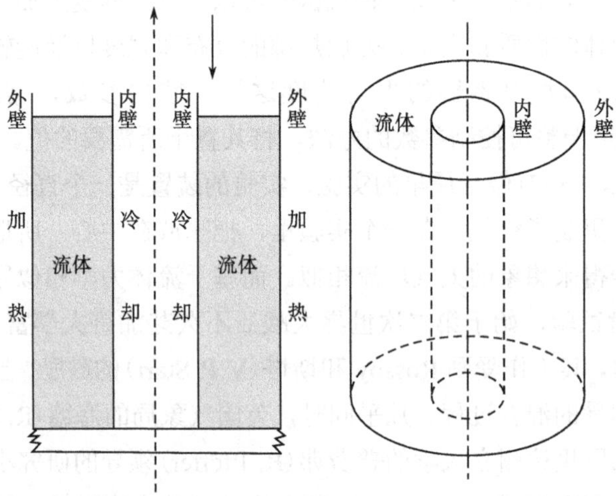

图 7.1　圆环试验装置(新田尚，1987)

运动流体与试验容器相接触形成的摩擦边界层效应和流体的内部黏性，虽然与实际大气有相当距离，但可模拟出“受热所激起、为摩擦所控制的旋转流体运动”的基本特征。必要时，还可以通过在容器底部放置障碍物模拟大尺度地形(如青藏高原、落基山脉)对大气环流的影响。

下面，给出两组转盘试验结果及其分析。

7.2　轴对称极赤温差下旋转流体自由运动的模拟

1) 自由运动分类

Hide(1969)的转盘试验使用如图 7.1 的环状转盘，其内半径为 3.8cm，外半径为 8.4cm，深为 15.4cm；试验用的流体为水，水面上有漂浮的白色示踪物。内壁温度 16.3℃，外壁温度 25.8℃。转盘中心正上方固定一照相机，它随转盘一起做逆时针方向转动。

图 7.2 是在不同转速(rad/s)、曝光时间(s)下的照片，(a)、(b)、(c)的转速分别为 0.341rad/s、1.19rad/s、5.02rad/s，曝光时间分别为 1s、1s、3s。环状区域的

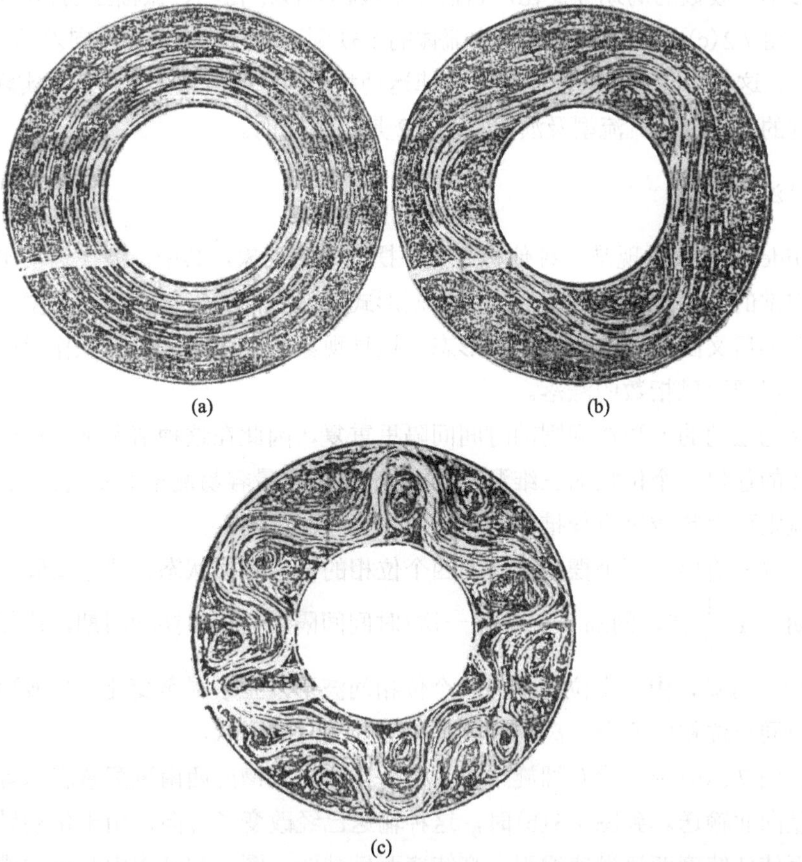

图 7.2　轴对称加热和冷却引起旋转流体中产生自由运动的分类(Hide，1969)

(a)对称运动；(b)驻波；(c)不规则运动

白色条纹、斑点是曝光时间内水面示踪物的运动轨迹，它给出了该处流体块的运动轨迹。图中左下方的白条是流体表面上部电线拍照下来的影子，没什么特别意义。流体中出现的自由振动，大体上可分为轴对称运动(图 7.2(a))和非轴对称运动(图 7.2(b)、(c))；非轴对称运动又可分为驻波(图 7.2(b))和不规则运动(图 7.2(c))。

图 7.2(a)显示的轴对称运动与纬向气流相对应；在经向垂直剖面(相当于子午面)上有直接热力环流，它与 Hadley 环流相对应。非轴对称运动分为规律运动和非规律运动两种：波动运动(图 7.2(b))是保持波数、波形、振幅基本不变情况下持续存在的波动和波摆动(vacillation)，从准地转运动的意义上来说，它们可称为广义的 Rossby 波型(mode)；波的摆动(vacillation)虽然运动状态是规律的，但可以有波形、振幅、波数的周期性变化，它们分别被称为波形摆动、振幅摆动和波数摆动。另外，图 7.2(c)显示了转盘试验中流体的不规则运动，其中涡旋纬向差异大，变化无规律；这与实际大气环流中的不规律运动相对应。可以认为，我们在实际大气中所看到的大尺度环流流型及演变与图 7.2 是相对应的。

2)波型摆动

Hide 的惊人发现是一种他称之为“摆动”的现象。其中，波在运动坐标系中不是定常的，而是以一种有规律的周期形式改变它们的形状和运动速度，在完成摆动循环后又回复到它们原来的形态。这种现象马上引起了气象工作者的注意，因为它很像西风指数的涨落。

因为摆动的流型在规则的时间间隔里重复，因此在这种情况下也可能测量摆动循环的任何一个位相的三维温度场。三维风场中最容易测量的是自由表面的风，下层风则可用热成风方程推算出来。

图 7.3 给出了一个摆动循环的四个位相的自由表面状态。这个实验中，摆动的周期是 $16\frac{1}{4}$ 转，间隔 4 转照相一次(时间间隔约为 1/4 摆动周期，位相间隔约为 $\pi/2$)。可见，由一个位相到另一个位相间波形发生了显著变化，且波随时间东传；而同一位相中五个分离的波具有差不多相同的形状。

在图 7.3(a)中，槽有螺旋结构，槽后正北风和槽前西南风配置表示有强大的角动量向北输送。到图 7.3(b)时，这种输送已经改变了方向，由于角动量向南输送，而使低纬度西风风速增强，高纬度西风减弱。图 7.3(c)中由开放的槽向闭合的气旋中心的转变显示了这些变化，角动量向南输送停止了。在图 7.3(d)中流型又恢复到图 7.3(a)那样了。测量数据揭示了在摆动循环中，热量的向北输送也有类似的变化。这一过程与中纬实际大气环流中的现象和本质很相像。

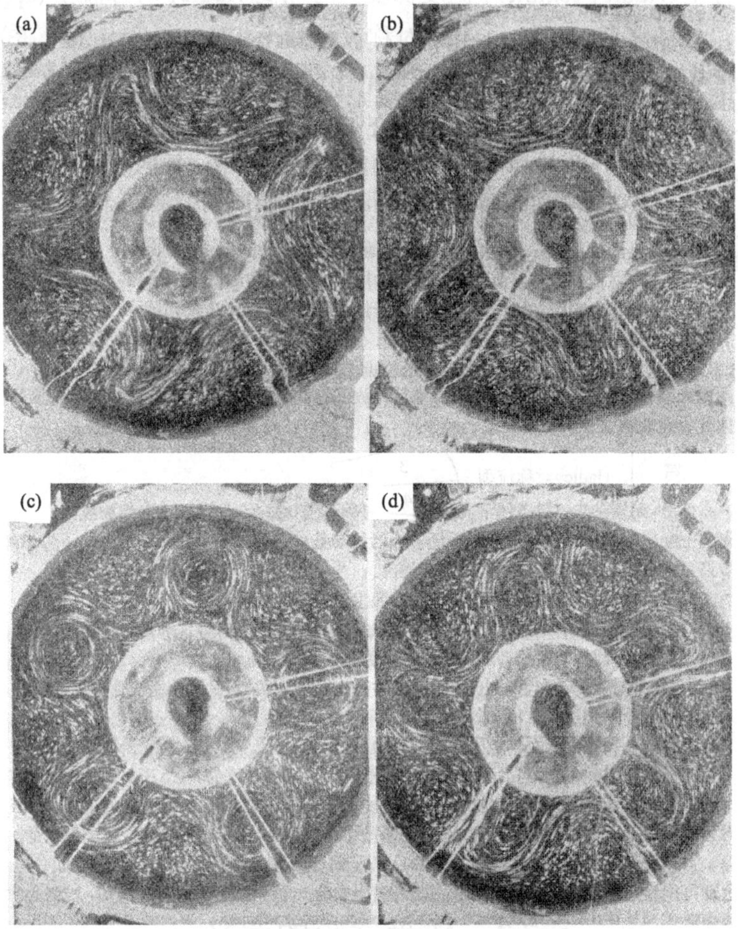

图 7.3 5 个波的 Rossby 环流型的摆动(富尔茨等拍摄，1959，由 Lorenz(1976)收录)

(a)第 1 张照(设为 0 转)；(b)第 2 张照(4 转)；(c)第 3 张照(8 转)；(d)第 4 张照(12 转)

3)流型与控制参数关系

转盘试验对大气物理最大的贡献在于给出了上述各类运动的物理依据。所谓物理依据，就是经向温度梯度和旋转速率与运动类型的关系。转盘中出现的自由运动在以经向温度梯度/旋转速率^2(这与热 Rossby 数有关)为纵坐标和以旋转速率^{2}为横坐标的图(图 7.4)上的分布是有规律的，它表现为：①当转速很小时，运动呈轴对称型，它与经向温度梯度无关。②即便对于超过临界值的转速，在经向温度梯度很小和很大时，也仍然呈轴对称型；出现这种轴对称型运动的场所叫作 Hadley 对称型(Hadley regime)，温度梯度大时叫高 Hadley 对称流型(upper Hadley regime)，温度梯度低时叫低 Hadley 对称流型(lower Hadley regime)。③在旋转速率和经向温度梯度的特定范围，即图 7.4 中曲线内侧(称罗斯贝对称流型区)，出现有驻波、振荡和不规律运动的部分。在 Rossby 流型存在的领域，波数随经向温度梯度的逐渐增大而减少；和地球大气中的情况相一致(北半球中纬定常波波数冬三夏四)，它意味着地球大气环流是特定参数集合共同作用的产物。在这种意义上可以说转盘试验为建立旋转流体的行星大气的统一理论开辟了一个新途径。

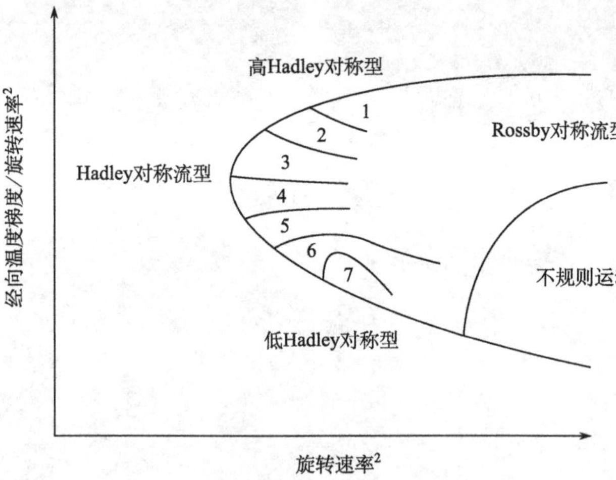

图 7.4　转盘试验中自由振动的存在区域图(新田尚，1987)

7.3　转盘试验的意义

Lorenz 对转盘试验在大气环流学中的意义作了如下总结性评论：

转盘试验对大气环流理论的最重要的贡献可能是把重要的考虑和不重要以及不相干的考虑分开。例如，水汽的凝结，在热带仍然可能起重要作用，那里的环流在转盘试验中还没有很好地模拟出来。但是在中纬度，水汽凝结的作用似乎只不过是次要的影响；因为，在没有类似于凝结的过程时，转盘试验中仍出现了大气中的系统，甚至包括气旋和锋。又如，“β 效应”在 Rossby 波形成中所起的作用比过去曾经假设的要小；转盘试验中没有 β 效应的设计，却仍出现了类似于 Rossby 波的系统。

另一方面，这些试验强调了定量考虑的必要性，至少这些定量考虑必须足以使大气处于“Rossby对称流型区”之中。一个完善的定性研究最多可能做到的是建立Rossby和Hadley环流型的各自特征，然后说明大气与这些环流的一种或另一种相一致。

7.4　总　　结

转盘试验是不同于理论研究、诊断分析和数值试验的另一类大气环流研究方法。本章简单介绍了轴对称极赤温差旋转流体自由运动的转盘试验的装置和试验过程，概括介绍了试验结果，强调了其认识价值。

参 考 文 献

华莱士 J M, 霍布斯 P V. 1981. 大气科学概观. 王鹏飞, 等译. 上海: 上海科学技术出版社.

华莱士 J M, 霍布斯 P V. 2008. 大气科学. 何金海, 王振会, 银燕, 等译. 2 版. 北京: 科学出版社.

黄荣辉. 2005. 大气科学概论. 北京: 气象出版社.

李崇银. 2000. 气候动力学引论. 北京: 气象出版社.

李国庆. 1989. 大气环流指数低频振荡机制的流体物理实验研究. 气象学报, 47(3): 279-286.

洛伦茨 E N. 1976. 大气环流的性质和理论. 北京大学地球物理系气象专业译. 北京: 科学出版社.

王盘兴. 1994. 垂直低分辨率 GCM 模式大气平均经圈环流的诊断. 南京气象学院学报, 17(2): 200-204.

王盘兴. 2005. 大气环流概论(讲义). 南京: 南京信息工程大学.

王盘兴. 2006. 大气环流概论(讲义). 南京: 南京信息工程大学.

吴国雄, 刘还珠. 1987. 全球大气环流时间平均统计图集. 北京: 气象出版社: 212.

谢安, 江剑民. 1994. 大气环流基础. 北京: 气象出版社.

新田尚. 1987. 大气环流概论. 吴贤纬, 侯宏森, 米志新译. 北京: 气象出版社.

杨玮, 王盘兴, 何金海, 等. 2014. 西风角动量输送的气候特征及其与急流关系研究. 大气科学, 38(2): 363-372.

叶笃正, 张捷迁. 1974. 青藏高原加热作用对夏季东亚大气环流影响的初步模拟实验. 中国科学, 3: 301-320.

叶笃正, 朱抱真. 1958. 大气环流的若干基本问题. 北京: 科学出版社.

余志豪, 苗曼倩, 蒋全荣, 等. 2004. 流体力学. 3 版. 北京: 气象出版社.

曾庆存. 1979. 数值天气预报的数学物理基础: 第一卷. 北京: 科学出版社.

张捷迁, 魏鼎文, 何阜华. 1975. 台风结构和中国东南沿海地形对台风影响的初步实验研究. 中国科学, 3: 302-314.

章基嘉. 1980. 大气环流讲义. 南京: 南京气象学院.

章基嘉. 1991. 大气环流讲义. 南京: 南京气象学院.

片山昭. 1974. 地球大気のエネルギー収支. システと制御, 18: 1018.

Lorenz E N. 1984. 关于大气环流主要思想的发展. 辛宝恒译. 气象科技, 4: 24-26.

Peixoto J P, Oort A H. 1995. 气候物理学. 吴国雄, 刘辉译. 北京: 气象出版社.

Arakawa A. 1969. Parameterization of cumulus convection//Proc of the WMO/IUGG Symp of Numerical Weather Prediction. Tokyo: Japan Meteorological Society.

Canuto V M, Cheng Y, Howard A. 2001. New third-order moments for the convective boundary layer. J Atmos Sci, 58: 1169-1172.

Collins W D, Bitz C M, Blackmon M L, et al. 2006. The community climate system model version 3(CCSM3). J Climate, 19(11): 2122-2143.

Edwards J M, Slingo A. 1996. Studies with a flexible new rediation code. I: Choosing a configuration for a large-scale model. Quart J Roy Meteor Soc, 122(531): 689-719.

Fleagle R G, Businger J A. 1963. An introduction to Atmospheric Physics. New York: Academic Press, Inc.

Hide R. 1969. Some laboratory experiments on free thermal convection in a rotating fluid subject to a horizontal temperature gradient and their relation to the theory of the global atmospheric circulation//Corby G A. The Global Circulation of the Atmosphere. London: Royal Meteorological Society: 196-221.

Holtslag A A M, Boville B. 1993. Local versus nonlocal boundary-layer diffusion in global climate model. J Climate, 6: 1825-1842.

Hoskins B J, Hsu H H, James I N, et al. 1989. Diagnostics of the global atmospheric circulation based on ECMWF analyses 1979—1989/World Meteorological Organiztion, WMO/TD-No. 326, 217.

James I N. 1994. Introduction to Circulation Atmosphere. London: Cambridge University Press, 422.

James I N. 2003. Hadley circulation//Holton J R, Curry J A, Pyle J A. Encyclopedia of Atmosphereic Science. London: Academic Press: 919-923.

Liu Y, Zhang D L, Yau M K. 1997. A multiscale numerical study of hurricane and rew(1992). Part Ⅰ: Explicits imulation and verification. Mon Wea Rev, 125: 3073-3093.

Lorenz E N. 1967. The nature and theory of the general circulation of the atmosphere//WMO-No. 218, TP. 115, 1-159.

Lorenz E N. 1983. A history of prevailing ideas about the general circulation of the atmosphere. Bull Amer Meteor Soc, 64(7): 730-733.

Manabe S, Strickler R. 1964. Thermal equilibrium of the atmosphere with a convective adjustment. J Atmos Sci, 21: 361-385.

Newell R E, Kidson J W, Vincent D G, et al. 1972. The General Circulation of the Tropical Atmosphere and Interaction with Extratropical Latitudes. Cambridge: The MIT Press.

Newell R E, Kidson J W, Vincent D G, et al. 1974. The General Circulation of the Tropical Atmosphere and Interaction with Extratropical Latitudes. 2nd ed. Cambridge: The MIT Press.

Ohlmann J C. 2003. Ocean radiant heating in climate models. J Climate, 16: 1337-1351.

Oort A H. 1964. On estimates of the atmospheric energy cycle. Mon Wea Rev, 92: 483-493.

Oort A H, Piexóto J P. 1983. Global angular momentum and energy balance requirements from observations. Advances in Geophysics, 25: 355-490.

Pacanowski R C, Philander S G H. 1981. Parameterization of vertical mixing in numerical models of tropical oceans. J Phys Oceanogr, 11:1443-1451.

Slingo J M. 1987. The development and verification of a cloud prediction model for the ECMWF model. Quart J Roy Meteor Soc, 113: 899-927.

Tiedtke M A. 1989. Comprehensive mass flux scheme for cumulus parameterization in large-scale models. Mon Wea Rev, 117: 1779-l800.

Troen I, Mahrt L. 1986. A simple model of the atmospheric boundary layer: Sensitivity to surface evaporation. Bound-Layer Meteor, 37: 129-148.

Wallace J M, Peter V H. 2006. Atmospheric Science: An Introductory Survey. 2nd ed. London: Academic Press: 504.

White R M. 1949. The role of mountains in the angular momentum balance of the atmosphere. J Atmos Sci, 6(5): 353-355.

附录　气候位势高度场波谱定量分析

正文对月气候水平环流（$\overline{P}_0$）、（$\overline{H}$）所做的分析具有直观性，但不够定量。引入谐波分析和球函数分析方法，可以获得上述场的客观定量的分析结果。这里简要介绍这两种方法，给出相应分析结果。

1　谐波分析方法及应用

1.1　谐波分析方法原理

谐波分析的对象是沿一个纬圈的气象要素场。以某月 500hPa 上 45°N 纬圈的气候位势高度场为例，它可写为

$$\overline{H}(\lambda)，\quad \lambda\in[0,2\pi) \tag{1}$$

谐波分析是借助谐波函数系对其结构做定量分析。

谐波函数系由定义在 $\lambda\in[0,2\pi)$ 上的全部余弦、正弦函数

$$\begin{aligned}&\cos k\lambda，\quad k=\overline{0,\infty}\\&\sin k\lambda，\quad k=\overline{1,\infty}\end{aligned} \tag{2}$$

共同构成，k 为波数。(注：以 $k=\overline{0,\infty}$ 记无穷序列 k =0,1,2,⋯，以 $k=\overline{1,\infty}$ 记无穷序列 k =1,2,3,⋯)

附图 1 给出了一些低波数（$k=\overline{0,4}$）的谐波图形，附表 1 给出了 $\lambda\in[0,2\pi)$ 上谐波特性点(零点、极大值点、极小值点)的个数和位置。

附表 1　$\cos k\lambda$、$\sin k\lambda$ 在 $\lambda\in[0,2\pi)$ 上的特性点个数和位置

函数	零点		极大值(1)点		极小值(−1)点	
	个数	位置	个数	位置	个数	位置
$\cos k\lambda$	$2k$	$(2l+1\pm\frac{1}{2})\frac{\pi}{k}$	k	$2l\frac{\pi}{k}$	k	$(2l+1)\frac{\pi}{k}$
$\sin k\lambda$	$2k$	$(2l+\frac{1}{2}\pm\frac{1}{2})\frac{\pi}{k}$	k	$(2l+\frac{1}{2})\frac{\pi}{k}$	k	$(2l+1+\frac{1}{2})\frac{\pi}{k}$

注：$l=\overline{0,k-1}$。

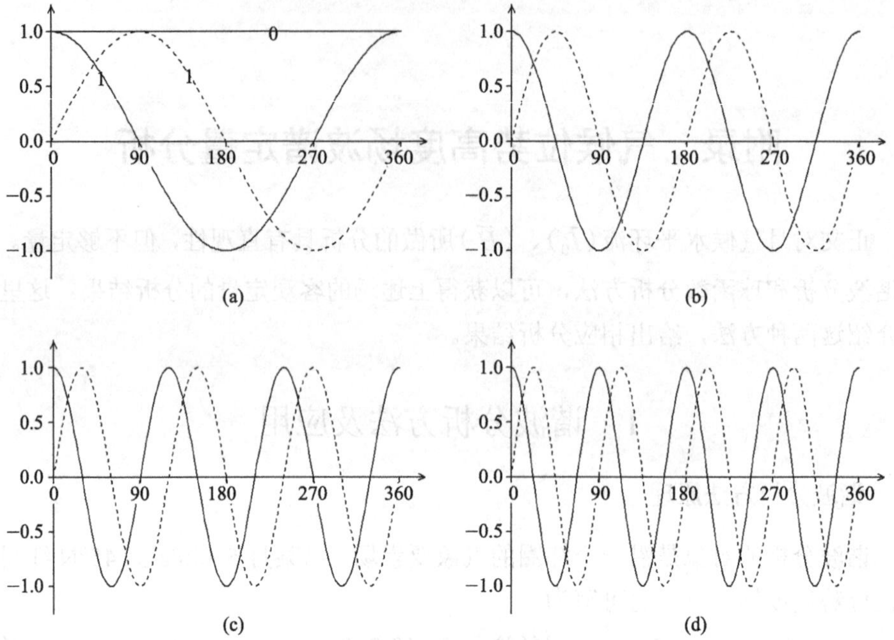

附图 1　谐波图形

实、虚线分别为 $\cos k\lambda$ 、 $\sin k\lambda$ ；图(a)中线上数字为 k

(a) k=0、1；(b) k=2；(c) k=3；(d) k=4

谐波函数系(2)式对(1)式气象要素场是正交完备系，因而有分解式

$$\bar{H}(\lambda)=a_0+\sum_{k=1}^{\infty}(a_k\cos k\lambda+b_k\sin k\lambda) \tag{3}$$

式中， a_k 、 b_k 是波数 k 的余弦、正弦波系数。

引入场向量符号 $\bar{\boldsymbol{H}}\sim\bar{H}(\lambda)$ 、 $\boldsymbol{C}_k\sim\cos k\lambda$ 、 $\boldsymbol{S}_k\sim\sin k\lambda$ ， $\lambda\in[0,2\pi)$ ；定义 $\lambda\in[0,2\pi)$ 上向量 $\boldsymbol{f}$、$\boldsymbol{g}$ 的内积运算 $(\boldsymbol{f},\boldsymbol{g})_\lambda=\int_0^{2\pi}f(\lambda)g(\lambda)\mathrm{d}\lambda$ ，导出(3)式中谐波系数

$$\begin{aligned}
a_0&=(\bar{\boldsymbol{H}},\boldsymbol{C}_0)_\lambda/\|\boldsymbol{C}_0\|^2=\int_0^{2\pi}\bar{H}(\lambda)\mathrm{d}\lambda/(2\pi)\\
a_k&=(\bar{\boldsymbol{H}},\boldsymbol{C}_k)_\lambda/\|\boldsymbol{C}_k\|^2=\int_0^{2\pi}\bar{H}(\lambda)\cos k\lambda\mathrm{d}\lambda/\pi\\
b_k&=(\bar{\boldsymbol{H}},\boldsymbol{S}_k)_\lambda/\|\boldsymbol{S}_k\|^2=\int_0^{2\pi}\bar{H}(\lambda)\sin k\lambda\mathrm{d}\lambda/\pi
\end{aligned} \tag{4}$$

式中，$\|\ \|$为模算符，$\|\ \|^2$为模平方，简称“模方”；a_0为 0 波余弦波系数，a_k 、b_k 是波数非 0 的余弦、正弦波系数。

(3)式右端 $k=\overline{1,\infty}$ 的波分量可改写为振幅 c_k、位相 d_k 形式

$$\bar{\boldsymbol{H}}_k = c_k\cos(k\lambda - d_k) \tag{5}$$

式中，

$$c_k = \sqrt{a_k^2 + b_k^2}, \quad d_k = ATAN2\left(b_k, a_k\right) \tag{6}$$

$\bar{\boldsymbol{H}}_k$ 的位相 d_k 是 $[0°,360°)$ 上的第一个峰的位相角，它所在经度为

$$d_k' = d_k / k, \tag{7}$$

模方分析用于识别不同波分量的相对大小。$\bar{\boldsymbol{H}}_k$ 总模方为

$$s = \| \bar{\boldsymbol{H}}^* \|^2 = (\bar{\boldsymbol{H}}^*, \bar{\boldsymbol{H}}^*)_\lambda = \int_0^{2\pi} \bar{H}^{*2}(\lambda)\mathrm{d}\lambda \tag{8}$$

$\bar{\boldsymbol{H}}_k$ 总模方为

$$s_k = \| \bar{\boldsymbol{H}}_k \|^2 = (\bar{\boldsymbol{H}}_k, \bar{\boldsymbol{H}}_k) = \pi(a_k^2 + b_k^2) \tag{9}$$

相应的模方贡献(即方差贡献) $\overline{\rho}^*_k$、累积模方贡献(即累积方差贡献) $\overline{P}^*_k$ 为

$$\bar{\rho}_k^* = s_k / s, \bar{P}_k^* = \sum_{k'=1}^{k} \bar{\rho}_{k'}^* \tag{10}$$

用 $k' = \overline{1,k}$ 波分量合成的近似定常波为

$$\hat{\bar{\boldsymbol{H}}}^*_{\overline{1,k}} = \sum_{k=1}^{k} \bar{\boldsymbol{H}}_{k'} \tag{11}$$

其累积模方贡献为 $\overline{P}^*_k$。

1.2　45°N $\bar{H}_{500}$ 的谐波分析

用(4)式~(10)式的离散形式(见实习二)，可以求得 NCEP/NCAR 40 年(1958~1997 年)1、7 月 45°N $\bar{\boldsymbol{H}}_{500}$ 的谐波分析计算结果(附表 2、附表 3)。附图 2 是 $\overline{1,10}$ 波方差贡献 $\overline{\rho}^*_k$ 的图、附图 3 是 $\overline{1,6}$ 波 $\hat{\bar{\boldsymbol{H}}}^*_{\overline{1,6}}$ 的图。据附图 2，45°N $\bar{\boldsymbol{H}}^*_{500}$ 的结构及季节变化特征可归纳为：①定常波冬强于夏，1 月的 s 较 7 月高 1 个量级。②冬、夏 $\bar{\boldsymbol{H}}^*_{500}$ 均为 1 波最强，次强波数为冬 3 夏 4；但严格地讲，1 波之外，$\bar{\boldsymbol{H}}^*_{500}$ 结构之季节变化由 1 月的 2、3 波为主，变为 7 月的 $\overline{4,6}$ 波为主(附图 2)，北半球对流层中部定常波波数季节变化特征“冬 3 夏 4”应作如是理解。③ $\bar{\boldsymbol{H}}^*_{500}$ 主要由超长波($\overline{1,3}$波)和长波($\overline{4,6}$ 波)构成，该特征 1 月较 7 月更明显(附图 3)。

附表 2　1 月 45°N $\bar{H}_{500}$ 谐波分析计算结果(a_0=5421.2gpm，s=86 111.9gpm^2)

k	a_k /gpm	b_k /gpm	c_k /gpm	d_k /°E	d'_k /°E	s_k /gpm^2	$\overrightarrow{\rho}^*_k$ /%	$\overrightarrow{P}^*_k$ /%
1	107.0	–28.3	110.7	345.2	345.2	38482	44.7	44.7
2	–7.3	80.4	80.8	95.2	47.6	20486	23.8	68.5
3	47.8	–73.2	87.4	303.1	101.0	24015	27.9	96.4
4	7.8	–24.9	26.1	287.4	71.8	2145	2.5	98.9
5	–10.6	12.4	16.3	130.7	26.1	834	1.0	99.8
6	1.1	–5.4	5.5	281.7	47.0	94	0.1	99.9

附表 3　7 月 45°N $\bar{H}_{500}$ 谐波分析计算结果(a_0=5769.8gpm，s=5 125.8gpm^2)

k	a_k /gpm	b_k /gpm	c_k /gpm	d_k /°E	d'_k /°E	s_k /gpm^2	$\overrightarrow{\rho}^*_k$ /%	$\overrightarrow{P}^*_k$ /%
1	15.0	–27.2	31.0	298.8	298.8	3028	59.1	59.1
2	0.6	8.5	8.5	86.1	43.1	227	4.4	63.5
3	6.2	–5.3	8.2	319.3	106.4	212	4.1	67.6
4	0.7	–12.9	13.0	272.9	68.2	528	10.3	77.9
5	–7.8	–10.3	12.9	232.9	46.6	520	10.1	88.1
6	0.0	10.8	10.8	89.9	15.0	367	7.2	95.2

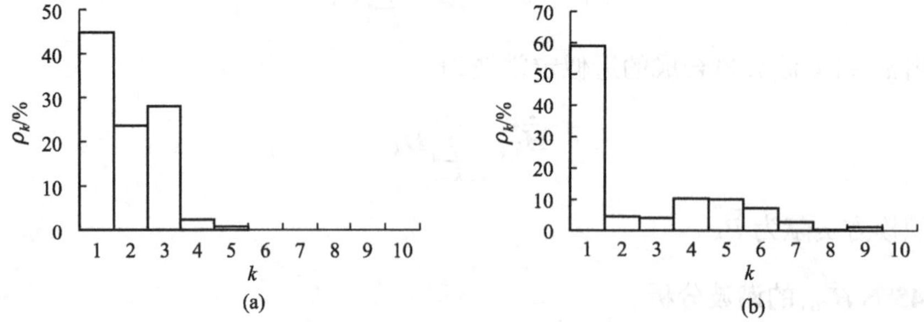

附图 2　45°N $\bar{H}^*_{500}$ 方差贡献 ρ_k 直方图

(a)1 月；(b) 7 月

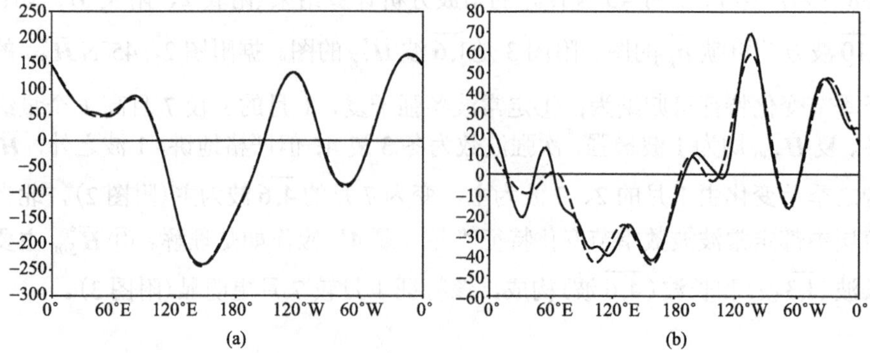

附图 3　45°N 500 hPa 定常波合成图 $\hat{\bar{H}}^*_{1,6}$ (虚线) 与 $\bar{H}^*_{500}$ (实线) 的比较图 (单位：gpm)

(a) 1 月 (P_6=99.9%)；(b) 7 月 (P_6=95.2%)

1.3　45°N $\bar{\boldsymbol{H}}^*$ 方差贡献随高度、季节的变化

附表 4 给出了第 2.4 节涉及的 4 个层次的 45°N 气候气压场定常波 $\bar{\boldsymbol{H}}^*$ 的谐波方差贡献 $\overline{\rho}^*_k$，$k=\overline{1,6}$；其中，海平面气压场用 1000hPa 等压面位势高度场替代。可见，45°N $\bar{\boldsymbol{H}}^*$ 的 $\overline{\rho}^*_k$ 有如下变化规律：①$\bar{\boldsymbol{H}}^*$ 具有低维、低阶特征，冬季 $k=\overline{1,3}$ 的累积方差贡献 $\overline{P}^*_3 \geqslant 96\%$，夏季除 500hPa 层外 $k=\overline{1,4}$ 的累积方差贡献 $\overline{P}^*_4 \geqslant 95\%$；除 1 月近地层(1000hPa)外，1 波均最重要，它与该纬度上亚欧大陆、北太平洋纬向尺度明显大于北美大陆、北大西洋有关。②近地层 $\bar{\boldsymbol{H}}^*$ 冬、夏均主要由 $k=\overline{1,3}$ 波构成；对流层中部(500hPa)，$\bar{\boldsymbol{H}}^*$ 的谱结构最复杂(随波数收敛最慢)。③夏季 $\bar{\boldsymbol{H}}^*$ 的谱结构较冬季复杂，突出反映在自由大气中。

附表 4　$\bar{\boldsymbol{H}}^*$ 谐波方差贡献 $\overline{\rho}^*_k$ (%)随高度、季节的变化　　(单位：%)

k	1 月				7 月			
	1000	500	100	10	1000	500	100	10
1	36.7	44.7	50.5	88.0	56.1	59.1	59.0	43.7
2	43.9	23.8	28.8	10.9	36.1	4.4	28.8	34.3
3	18.1	27.4	17.5	0.7	3.7	4.1	1.9	7.0
4	0.7	2.5	2.6	0.3	1.2	10.3	4.7	10.5
5	0.1	1.0	0.5	0.1	0.6	10.1	4.2	0.01
6	0.1	0.1	0.1	0.01	1.4	7.2	0.5	0.3

2　球函数分析方法及应用

2.1　球函数分析方法原理

球函数分析的对象是一个全球要素场或开拓至全球的北、南半球要素场。以某月 500 hPa 全球气候位势高度场为例，它可写为

$$\bar{H}(\lambda,\theta)，\quad \lambda \in [0,2\pi)，\quad \theta \in [0,\pi] \tag{12}$$

球函数分析是借助球函数系对其结构做定量分析。

球函数 $\left\{\boldsymbol{YC}_{\mathrm{l}}^{\mathrm{k}}, \boldsymbol{YS}_{\mathrm{l}}^{\mathrm{k}}\right\}$ 是定义在全球球面上的如下函数

$$\begin{aligned} YC_l^k(\lambda,\cos\theta) &= \cos k\lambda P_l^k(\cos\theta) \\ YS_l^k(\lambda,\cos\theta) &= \sin k\lambda P_l^k(\cos\theta) \end{aligned} \tag{13}$$

$\boldsymbol{YC}_l^k$ ($\boldsymbol{YS}_l^k$)是参数为 k、l 的余弦(正弦)球函数。自变量 λ 是经度，$\cos\theta$ 是余纬的

余弦，故 $\boldsymbol{YC}_l^k$（$\boldsymbol{YS}_l^k$）的定义域为整个球面（$\lambda\in[0,2\pi)$、$\theta\in[0,\pi]$）。k 为纬向波数，l 称为全波数或二维指数，$l\geqslant k$。算符 $\boldsymbol{P}_l^k$ 为缔合勒让德函数。由(13)式知，单个球函数 $\boldsymbol{YC}_l^k$（$\boldsymbol{YS}_l^k$）是下面两个单变量函数之积：①纬向波数为 k 的谐波；②经向参数为 k、l 的缔合勒让德函数。确切了解球函数的性质和结构，可以从分析 $\cos k\lambda$、$\sin k\lambda$ 和 $P_l^k(\cos\theta)$ 入手，谐波的结构和性质如前所述；这里，先据附图 4 直观简要地介绍 $P_l^k(\cos\theta)$ 的结构和性质，再据附图 5 给出球函数的结构和性质。

附图 4 是部分低参数 $\boldsymbol{P}_l^k$ 的图。由附图 4 知：① $P_l^k(\cos\theta)$ 为经向波状曲线簇，$\boldsymbol{P}_l^0$（纬向波数 k=0）的曲线簇极点非 0，$k\neq0$ 的 $\boldsymbol{P}_l^k$ 极点均为 0 值。②$l-k$（图中曲

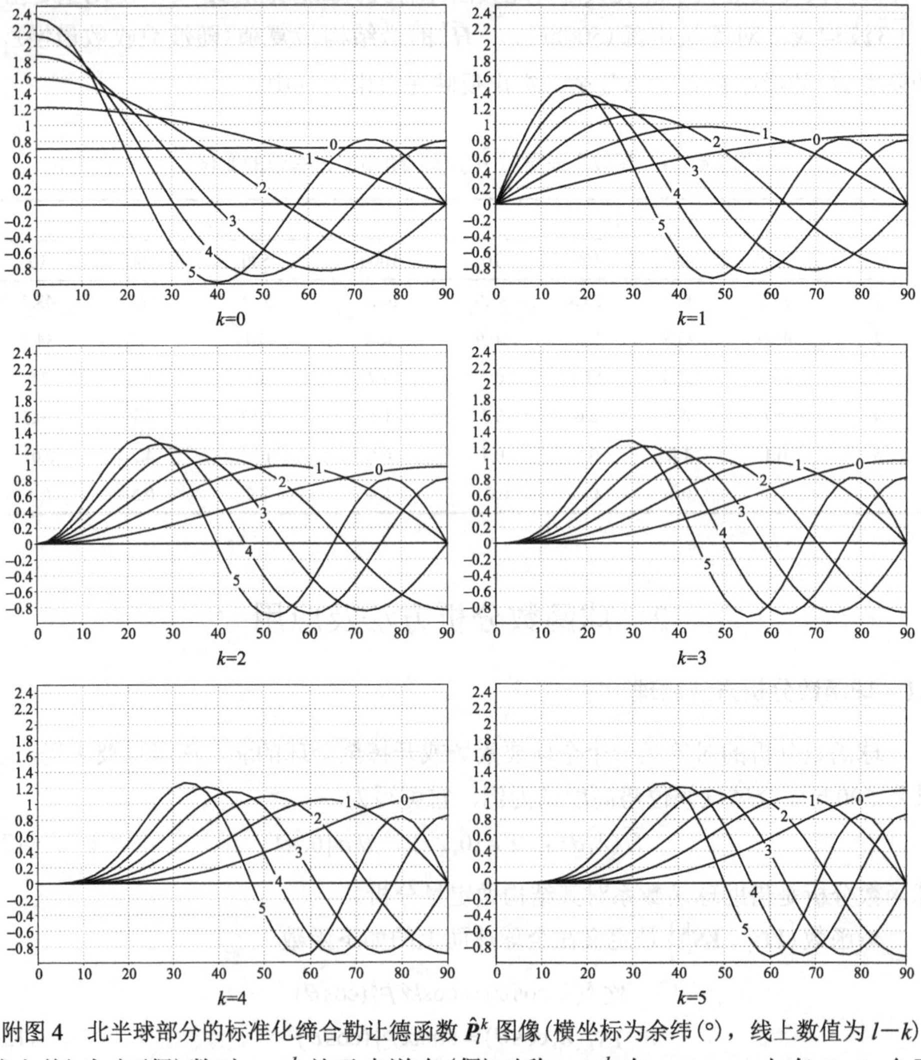

附图 4　北半球部分的标准化缔合勒让德函数 $\hat{\boldsymbol{P}}_l^k$ 图像(横坐标为余纬(°)，线上数值为 $l-k$)

线上值）为奇（偶）数时，P_l^k 关于赤道奇（偶）对称；$\boldsymbol{P}_l^k$ 在 $\theta\in(0,\pi)$ 上有 $l-k$ 个零

点。③ $\boldsymbol{P}_l^k$ 包络的高值区随 k 增大从高纬向低纬移动。可以证明，k 相等、l 不相等时 $\boldsymbol{P}_l^k$ 正交，即 $(\boldsymbol{P}_l^k,\boldsymbol{P}_{l'}^k)_l=0$、$l\neq l'$；这里 $(,)_l$ 是经向内积算符，$(\boldsymbol{f},\boldsymbol{g})_l=\int_0^{\pi} f(\theta)g(\theta)\sin\theta\mathrm{d}\theta$。

附图 5 是部分低参数 $\boldsymbol{YC}_l^k$、$\boldsymbol{YS}_l^k$ 的图，可视为是附图 1 与附图 4 之乘积。由图知：①球函数可以被分为四类，它们是：均匀球函数 $\boldsymbol{YC}_0^0$（图略），k=l=0，它是全球均匀的场；带型球函数 $\boldsymbol{YC}_l^0, k=0$、$l=\overline{1,\infty}$（附图 5(a)），它们是纬向均匀的场；扇型球函数 $\boldsymbol{YC}_k^k,\boldsymbol{YS}_k^k, k=\overline{1,\infty}$（附图 5(b)、附图 5(c)），它们由 0 值经向等值线分割的、中心在赤道、范围达北、南极点的高、低压构成；田型球函数 $\boldsymbol{YC}_l^k,\boldsymbol{YS}_l^k, k=\overline{1,\infty}, l-k=\overline{1,\infty}$[附图 5(d)、附图 5(e)]，它们由 0 值经向、纬向等值线分割开的局域高、低压构成。②余弦（正弦）球函数关于 $\lambda=0$ 经线对称（反对称），参数 $l-k$ 值的奇（偶）性决定球函数关于赤道反对称（对称）。③ $\boldsymbol{YC}_l^k$、$\boldsymbol{YS}_l^k$ 上系统尺度随 k、$l-k$ 增大而缩小。根据函数系 $\{\boldsymbol{C}_k,\boldsymbol{S}_k\}$ 和 $\{\boldsymbol{P}_l^k\}$ 的正交完备性，易证函数 $\{\boldsymbol{YC}_l^k, \boldsymbol{YS}_l^k\}$ 的正交性，它们对一般气象要素场是完备正交系。

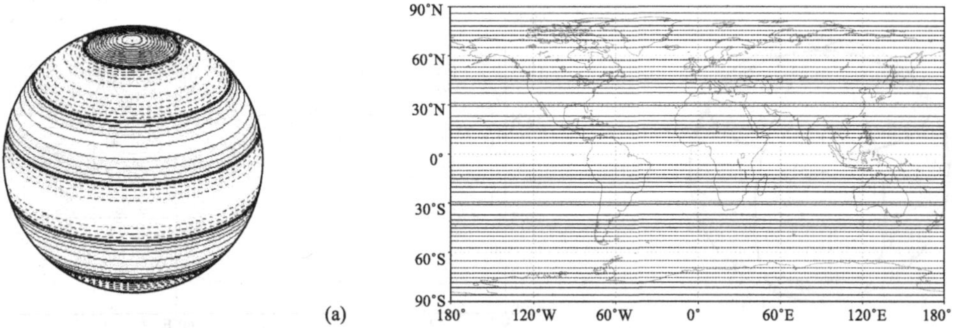

(a)

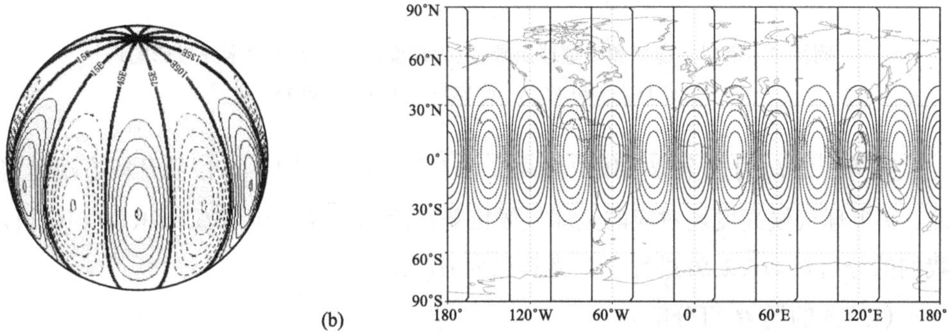

(b)

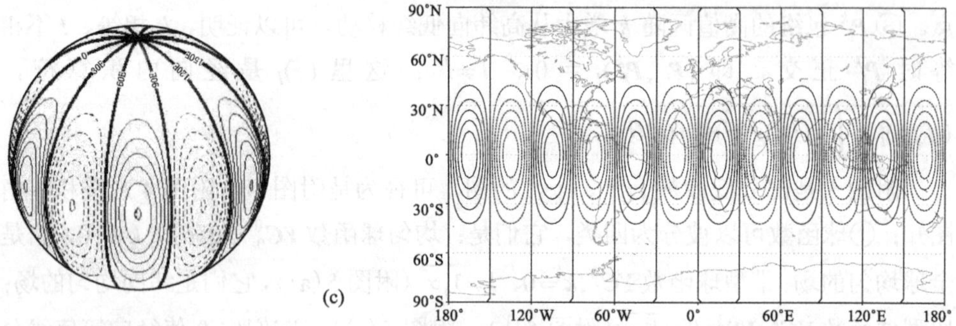

(c)

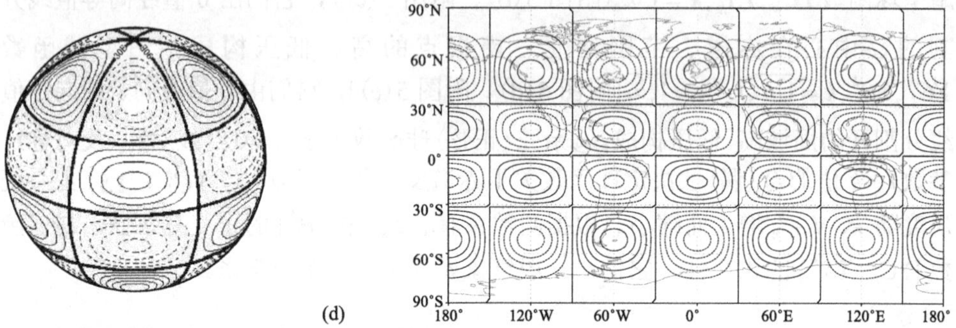

(d)

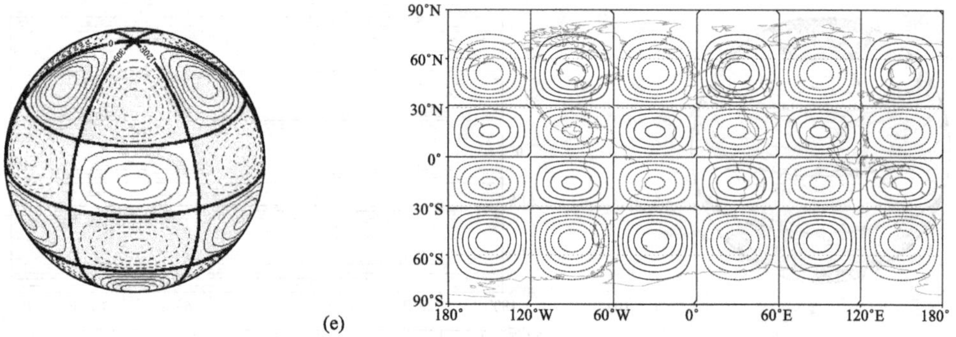

(e)

附图 5　带型、扇型和田型球函数(左为球面图，右为类莫卡托投影图)

(a) $\boldsymbol{YC}_6^0$；(b) $\boldsymbol{YC}_6^6$；(c) $\boldsymbol{YS}_6^6$；(d) $\boldsymbol{YC}_6^3$；(e) $\boldsymbol{YS}_6^3$

某等压面 t_m 月的全球气候位势高度场 $\overline{H}(\lambda,\theta)$、$\theta\in[0,\pi]$，用偶开拓方法可得北、南半球气候高度场对应的全球气候位势高度场 ${}_n\overline{H}(\lambda,\theta)$、${}_s\overline{H}(\lambda,\theta)$、$\theta\in[0,\pi]$。我们的分析对 ${}_n\overline{H}(\lambda,\theta)$ 进行，并将其记为 $\overline{H}(\lambda,\theta)$。

(12)式的场 $\overline{\boldsymbol{H}}$ 可分解为

$$\overline{H}(\lambda,\theta)=\sum_{k=0}^{\infty}\sum_{l=k}^{\infty}\{\overline{A}_l^k YC_l^k(\lambda,\theta)+\overline{B}_l^k YS_l^k(\lambda,\theta)\} \tag{14}$$

对偶开拓场分解只用到 $l-k=2\alpha,\alpha=\overline{0,\infty}$ 的球函数(它们是关于赤道对称的球函数)，式中，YC_l^k、YS_l^k实际为$YC_{k+2\alpha}^k$、$YS_{k+2\alpha}^k$，故可将其简写为$YC_{k,\alpha}$、$YS_{k,\alpha}$，$\alpha=\overline{0,\infty}$。此时，(14)式可写为①

$$\overline{\boldsymbol{H}}=\sum_{k=0}^{\infty}\sum_{\alpha=0}^{\infty}\{\overline{A}_{k,\alpha}\boldsymbol{YC}_{k,\alpha}+\overline{B}_{k,\alpha}\boldsymbol{YS}_{k,\alpha}\} \tag{15}$$

由正交性，系数$\overline{A}_{k,\alpha}$、$\overline{B}_{k,\alpha}$可据下式求出：

$$\overline{A}_{k,\alpha}=(\overline{\boldsymbol{H}},\boldsymbol{YC}_{k,\alpha})/\|\boldsymbol{YC}_{k,\alpha}\|^2$$

$$\overline{B}_{k,\alpha}=(\overline{\boldsymbol{H}},\boldsymbol{YS}_{k,\alpha})/\|\boldsymbol{YS}_{k,\alpha}\|^2 \tag{16}$$

式中，黑体字母为球面S上的场；$\|\cdot\|$为球面场的模算符，$\|\cdot\|^2$为其模方；(,)为球面S上的内积算符，它定义为

$$(\boldsymbol{f},\boldsymbol{g})=\iint_S f(\lambda,\theta)g(\lambda,\theta)\mathrm{d}s \tag{17}$$

模方分析用以识别不同球函数分量$\overline{\boldsymbol{H}}_{k,\alpha}$的相对大小。偏差场$\overline{\boldsymbol{H}}^*$是$\overline{\boldsymbol{H}}$与均匀球函数分量$\overline{\boldsymbol{H}}_{0,0}$之差，可理解为二维定常波，其总模方为

$$V=\|\overline{\boldsymbol{H}}^*\|^2=(\overline{\boldsymbol{H}}^*,\overline{\boldsymbol{H}}^*) \tag{18}$$

非均匀球函数分量

$$\overline{\boldsymbol{H}}_{k,\alpha}=\overline{A}_{k,\alpha}\boldsymbol{YC}_{k,\alpha}+\overline{B}_{k,\alpha}\boldsymbol{YS}_{k,\alpha},\quad k、\alpha\text{不全为}0 \tag{19}$$

的模方为

$$V_{k,\alpha}=\|\overline{\boldsymbol{H}}_{k,\alpha}\|^2=(\overline{\boldsymbol{H}}_{k,\alpha},\overline{\boldsymbol{H}}_{k,\alpha}) \tag{20}$$

$\overline{\boldsymbol{H}}_{k,\alpha}$对$\overline{\boldsymbol{H}}^*$的模方贡献(即方差贡献)

$$\overline{\rho}_{k,\alpha}^*=\|\overline{\boldsymbol{H}}_{k,\alpha}\|^2/\|\overline{\boldsymbol{H}}^*\|^2 \tag{21}$$

由球函数的正交性，

$$\sum_{k=0}^{\infty}\sum_{\alpha=0}^{\infty}V_{k,\alpha}=V,\quad \sum_{k=0}^{\infty}\sum_{\alpha=0}^{\infty}\overline{\rho}_{k,\alpha}^*=1 \tag{22}$$

将$\overline{\rho}_{k,\alpha}^*$作非升序排列($\overline{\rho}_{k_h,\alpha_h}^*\geqslant\overline{\rho}_{k_{h+1},\alpha_{h+1}}^*$)，得序数为$h$的球函数分量的模方贡献$\overline{\rho}_h^*$和前$h$个球函数分量的累积模方贡献$\overline{P}_h^*$

$$\overline{\rho}_h^*=V_h/V,\quad \overline{P}_h^*=\sum_{h'=1}^{h}\overline{\rho}_{h'}^* \tag{23}$$

① 因$\boldsymbol{YS}_l^0$不是基函数，(14)式、(15)式不是严格的写法。

它们是球函数分析的重要统计量。

对给定的重要球函数分量标准(本文取 $\overline{\rho_h}^* = 0.05\%$)，可由 $\overline{\rho_h}^*$ 序列确定，重要球函数分量总个数 ns,由它们重建的球面定常波场为

$$\hat{\overline{\boldsymbol{H}}}_{500,\overline{1,ns}} = \sum_{h=1}^{ns} \overline{\boldsymbol{H}}_h \tag{24}$$

它对定常波场 $\overline{\boldsymbol{H}}^*_{500}$ 的累积模方拟合变为 $\overline{P}^*_{ns}$。

2.2 北半球 $\overline{\boldsymbol{H}}^*_{500}$ 的球函数分析

由附表 5、附表 6 和附表 7 知，1 月、7 月北半球 $\overline{\boldsymbol{H}}^*_{500}$ 球函数谱结构有如下特征：①北半球 $\overline{\boldsymbol{H}}^*_{500}$ 是低阶(k、α 为小值)、低维(重要球函数分量数小)的，重要球函数分量(指 $\overline{\rho}^*_{k,\alpha} \geqslant 0.05\%$)的 k、α 值 1 月不超过 4，7 月不超过 6；它们的总

附表 5　北半球 1 月 $\overline{\boldsymbol{H}}^*_{500}$ 的 $\overline{\rho}^*_{k,\alpha}$　　(单位：%)

α	k=0	1	2	3	4	5	6	7	8
0	—	0.49	0.06	0.05	0.00	0.00	0.00	0.00	0.00
1	93.29	0.78	0.88	0.83	0.05	0.02	0.01	0.00	0.00
2	0.00	0.35	0.51	0.37	0.04	0.02	0.00	0.00	0.00
3	0.98	0.40	0.23	0.04	0.00	0.00	0.00	0.00	0.00
4	0.33	0.10	0.05	0.02	0.01	0.00	0.00	0.00	0.00
5	0.00	0.03	0.00	0.01	0.00	0.00	0.00	0.00	0.00
6	0.00	0.01	0.00	0.00	0.00	0.00	0.00	0.00	0.00

附表 6　北半球 7 月 $\overline{\boldsymbol{H}}^*_{500}$ 的 $\overline{\rho}^*_{k,\alpha}$　　(单位：%)

α	k=0	1	2	3	4	5	6	7	8
0	—	0.63	0.10	0.04	0.00	0.01	0.00	0.01	0.00
1	80.40	0.08	0.17	0.06	0.10	0.03	0.05	0.04	0.01
2	13.02	1.26	0.32	0.11	0.06	0.03	0.05	0.02	0.01
3	1.99	0.04	0.02	0.09	0.07	0.01	0.01	0.00	0.00
4	0.01	0.05	0.01	0.00	0.01	0.01	0.01	0.00	0.00
5	0.71	0.09	0.00	0.07	0.00	0.01	0.00	0.00	0.00
6	0.03	0.05	0.01	0.01	0.01	0.00	0.00	0.00	0.00

附表 7　北半球 1、7 月 $\overline{H}^*_{500}$ 重要球函数分量的 $\overline{\rho}_h^*$、$\overline{P}_h^*$　（单位：%）

h	1月				7月			
	k	α	$\overline{\rho}_h^*$	$\overline{P}_h^*$	k	α	$\overline{\rho}_h^*$	$\overline{P}_h^*$
1	0	1	93.29	93.29	0	1	80.40	80.40
2	0	3	0.98	94.27	0	2	13.02	93.42
3	2	1	0.88	95.15	0	3	1.99	95.41
4	3	1	0.83	95.98	1	2	1.26	96.67
5	1	1	0.78	96.75	0	5	0.71	97.38
6	2	2	0.51	97.27	1	0	0.63	98.01
7	1	0	0.49	97.75	2	2	0.32	98.33
8	1	3	0.40	98.15	2	1	0.17	98.50
9	3	2	0.37	98.52	3	2	0.11	98.61
10	1	2	0.35	98.87	4	1	0.10	98.71
11	0	4	0.33	99.20	2	0	0.10	98.80
12	2	3	0.23	99.42	1	5	0.09	98.90
13	1	4	0.10	99.53	3	3	0.09	98.98
14	2	0	0.06	99.58	1	1	0.08	99.07
15	4	1	0.05	99.64	3	5	0.07	99.13
16	3	0	0.05	99.69	4	3	0.07	99.20
17	2	4	0.05	99.74	3	1	0.06	99.26
18					4	2	0.06	99.32
19					1	6	0.05	99.37
20					6	2	0.05	99.42

个数 1、7 月分别为 17、20 个。② $\overline{H}_{0,1}$ 的方差贡献 1、7 月分别为 93.29%、80.40%，占绝对优势，表明纬向均匀、南高北低是北半球 $\overline{H}^*_{500}$ 形势的基本特点；7 月 $\overline{H}_{0,2}$ 的方差贡献明显增大至 13.02%，是副高带季节性北移的反映。③ $k=\overline{4,6}$ 的重要球函数分量 1 月占 1/17、7 月占 4/20，与谐波波数"冬 3、夏 4"相对应；反映了由冬入夏 $\overline{H}^*_{500}$ 中波能从超长波波段向长波转移明显，环流结构趋于复杂。

附图 6 用附表 7 的重要球函数分量(1 月 17 个、7 月 20 个)重建了 $\bar{H}_{500}$，重建场 $\hat{\bar{H}}_{500}$(虚线)与 $\bar{H}_{500}$(实线)差异甚小。因为重要球函数分量的 k、$\alpha=\overline{0,6}$，它表明 $\bar{H}_{500}$ 的确是低阶、低维的。

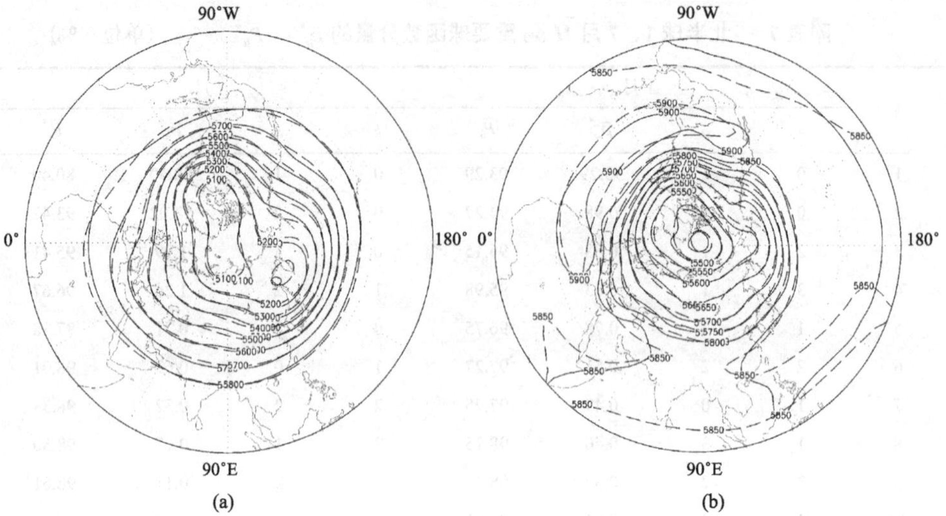

附图 6　北半球 $\bar{\boldsymbol{H}}_{500}$ 的重要球函数分量拟合场 $\hat{\bar{\boldsymbol{H}}}_{500}$ (单位：gpm)

(a) 1 月 (17 个)；(b) 7 月 (20 个)

实线为 $\bar{\boldsymbol{H}}_{500}$，虚线为 $\hat{\bar{\boldsymbol{H}}}_{500}$；() 内数字为重要球函数分量总数 ns

2.3　北半球 $\bar{H}^*$ 方差贡献随高度、季节的变化

分析表明，$\bar{H}^*$ 的重要球函数分量($\bar{\rho}^*_{k,\alpha} \geqslant 0.05\%$)数 ns，其自由度数 nf(k=0，$k \neq 0$ 的重要球函数分量的自由度数分别是 1、2)，以及它们的累积方差贡献 $\bar{P}_{ns}{}^*$，是球函数分析的三个重要参数。$\bar{P}_{ns}{}^*$ 相同时，$ns(nf)$ 大的 $\bar{H}^*$，其谱结构较复杂。

由附表 8，$\bar{H}^*$ 球函数谱结构随高度、季节变化的主要特征为：①对流层(150hPa 以下)和平流层，$\bar{H}^*$ 的 $ns(nf)$ 通常随高度增大减小，$\bar{H}^*$ 谱结构随高度增高而趋简。近地层(925hPa 及以下)，$ns(nf)$ 大、$\bar{P}_{ns}{}^*$ 小，$\bar{H}^*$ 谱结构最复杂；低平流层(150~50hPa)存在 $ns(nf)$ 高值层，此处 $\bar{H}^*$ 谱结构相对复杂。②对流层和低平流层(70hPa 及以下)，一般为同层 $\bar{H}^*$ 的 $ns(nf)$ 7 月大于 1 月、$\bar{P}_{ns}{}^*$ 7 月小于 1 月，故由冬入夏 $\bar{H}^*$ 明显趋于复杂。中平流层(50hPa 及以上)，季节变化与此相反，7 月 $ns(nf)$ 急降、$\bar{P}_{ns}{}^*$ 变化不大；这与北半球中平流层此时受高压控制、东风环流平直有关。

附表 8　北半球 $\bar{H}^*$ 重要球函数分量的 *ns*、*nf* 及 $\bar{P}_{ns}^*$　　（单位：%）

层/hPa	1月			7月		
	ns	*nf*	$\bar{P}_{ns}^*$	*ns*	*nf*	$\bar{P}_{ns}^*$
10	11	19	99.80	4	5	99.83
20	12	21	99.82	3	3	99.77
30	12	21	99.79	5	6	99.68
50	13	23	99.83	14	20	99.84
70	13	23	99.80	23	38	99.68
100	13	22	99.74	23	40	99.56
150	12	20	99.70	18	32	99.51
200	13	22	99.69	17	30	99.45
250	14	24	99.71	17	30	99.40
300	14	24	99.68	18	32	99.42
400	14	24	99.63	15	26	99.30
500	17	31	99.74	20	36	99.42
600	19	34	99.75	23	41	99.47
700	20	36	99.72	26	47	99.44
850	21	38	99.28	31	57	99.02
925	32	59	98.99	41	77	99.02
1000	46	85	98.92	46	86	99.00

实习一　北半球 1 月、7 月 500hPa 气候高度场定常波强度分析

一、目的

通过实际计算，掌握 Lorenz 环流分解方法，了解 500hPa 高度场定常波 $\overline{H}^{*}_{500}$ 强度(沿纬圈 $\overline{H}$ 的起伏程度)的时(随 t_m)、空(随 φ)变化规律。

二、要求

1. 计算北半球 1 月、7 月 $\overline{H}_{500}$ 的 $[\overline{H}]_{500}(\varphi)$、$\varphi\in[0^\circ,90^\circ\mathrm{N}]$，设计、制作 $[\overline{H}]_{500}(\varphi)$ 的曲线图(图 1，纵坐标为 φ，横坐标为 $[\overline{H}]$)。

2. 计算 40°N 处 1 月、7 月的定常波场 $\overline{H}^{*}_{500}(\lambda,40^\circ\mathrm{N})$、$\lambda\in[0^\circ,360^\circ)$，设计、制作 $\overline{H}^{*}_{500}(\lambda,40^\circ\mathrm{N})$ 的图(图 2，纵坐标为 $\overline{H}^{*}_{500}$，横坐标为 λ)。

3. 计算北半球 1 月、7 月 $\overline{H}_{500}$ 的定常波强度 $I_c(\varphi)$、$\varphi\in[0^\circ,90^\circ\mathrm{N}]$，设计、制作 $I_c(\varphi)$ 的曲线图(图 3，纵坐标为 φ，横坐标为 I_c)。

写一个简短报告(图 3 幅，文 300 字以内)，主要内容包括：①用图 1 分析 H_{500} 以下平均气温随纬度、季节的变化，极锋、副高带、$[\overline{u}]=0$ 线位置及其季节变化。②根据图 2，分析 40°N 处 $\overline{H}^{*}_{500}$ 的波数及其季节变化。③用图 3 说明北半球 $\overline{H}^{*}_{500}$ 强度随纬度及季节变化的特点。

三、提示

1. 资料说明：$\overline{H}(i,j,t_m)$ 资料(在实习课上给出数据文件 nh401.grd(1 月)、nh407.grd(7 月))为 1958~1997 年 NCEP/NCAR40 年平均 1 月、7 月北半球气候高度场，给出在 $\Delta\lambda=\Delta\varphi=2.5^\circ$ 的均匀矩形经纬格点网上，且 $i=\overline{0,143}$、$j=\overline{0,36}$，$\lambda_i=i\Delta\lambda$、$\varphi_j=j\Delta\varphi$。

2. t_m 月、纬度 φ_j 上的纬向平均定义为

$$[\overline{H}](j)=\frac{1}{144}\sum_{i=0}^{143}\overline{H}(i,j) \tag{1}$$

定常波 $\overline{H}^{*}$ 定义为

$$\overline{H}^{*}(i,j)=\overline{H}(i,j)-[\overline{H}](j),\ \ i=\overline{0,143} \tag{2}$$

定常波强度 $I_c(j)$ 定义为

$$I_c(j)=\left\{\frac{1}{144}\sum_{i=0}^{143}\overline{H}^{*2}(i,j)\right\}^{1/2} \tag{3}$$

实习二　1月、7月40°N 500hPa等压面气候高度场谐波分析

一、目的

通过实际计算，掌握谐波分析方法，认识40°N 500hPa等压面气候高度场$\overline{H}_{500}$波谱结构特征及其季节变化。

二、要求

1．编制谐波分析程序，完成1月、7月40°N $\overline{H}_{500}$的谐波分析，绘出表1中下列全部数据：$\overline{H}^*$的总模方$\overline{s}^*$，0波系数a_0；波数$k=\overline{1,6}$的系数a_k,b_k，振幅c_k，第一波峰位相角Λ_k及所在经度λ_k，$\overline{H}_k$的模方$\overline{s}_k$、对定常波的方差贡献$\overline{\rho}_k^*$、累积方差贡献$\overline{P}_k^*$。

2．用表1中$\overline{\rho}_k^*$，制作1月、7月方差贡献直方图1(a)、(b)。

3．用$k=\overline{1,6}$波合成1月、7月40°N近似定常波$\hat{\overline{H}}_{\overline{1,6}}^*$；设计、制作$\hat{\overline{H}}_{\overline{1,6}}^*$(虚线)与$\overline{H}^*$(实线)的比较图2(a)、(b)，图中横坐标为$\lambda$，纵坐标为$\hat{\overline{H}}_{\overline{1,6}}^*$、$\overline{H}^*$。

写一个简短报告(表一张、图2组，文300字以内)，主要内容包括：①据表1、图1分析40°N $\overline{H}^*$波数、强度及其季节变化特征；②根据图2，评价1月、7月用$k=\overline{1,6}$波分量拟合40°N $\overline{H}^*$的精度差异，判断其结构复杂程度。

三、提示

1．资料说明：实习一两个$\overline{H}_{500}$数据文件中40°N(j=20)上的数据，其式为

$$\overline{H}_i=\overline{H}(i,t_m)\,,\quad i=\overline{0,143}\,,\quad t_m=1,7 \tag{1}$$

i格点所在经度$\lambda_i=i\Delta\lambda$、$\Delta\lambda=\pi/72$。

2．参数算法：

(1)式中一个场的离散化谐波分解式为

$$\overline{H}_i=a_0+\sum_{k=1}^{71}\{a_k\cos ki\Delta\lambda+b_k\sin ki\Delta\lambda\}+a_{72}\cos i\pi \tag{2}$$

谐波系数(对纬圈均匀格点数m=144)

$$a_0 = \frac{1}{144}\sum_{i=0}^{143}\overline{H}_i,\quad a_{72} = \frac{1}{144}\sum_{i=0}^{143}\overline{H}_i\cos i\pi$$

$$a_k = \frac{1}{72}\sum_{i=0}^{143}\overline{H}_i\cos ki\Delta\lambda,\quad b_k = \frac{1}{72}\sum_{i=0}^{143}\overline{H}_i\sin ki\Delta\lambda,\quad k=\overline{1,71} \tag{3}$$

$k=\overline{1,72}$ 的谐波可写为 $\overline{H}_k = c_k\cos(k\lambda - \Lambda_k) = c_k\cos k(\lambda - \lambda_k)$，振幅 c_k、0经度以东第1波峰相角 Λ_k、所在经度 λ_k 的算式为

$$c_k = \sqrt{a_k^2 + b_k^2},\quad \Lambda_k = \arctan(b_k, a_k),\quad \lambda_k = \Lambda_k/k,\quad k=\overline{1,71} \tag{4}$$

定常波 $\overline{H}^*$ 的分量式为 $\overline{H}_i^* = \overline{H}_i - a_0$、$i=\overline{0,143}$，$\overline{H}^*$ 的模方

$$\overline{s}^* = \sum_{i=0}^{143}\overline{H}_i^{*2},\quad k=\overline{1,71} \tag{5}$$

$k=\overline{1,71}$ 波分量 $\overline{H}_k$ 的模方

$$\overline{s}_k = 72(a_k^2 + b_k^2) = 72c_k^2,\quad k=\overline{1,71} \tag{6}$$

$$\overline{s}_{72} = 144a_{72}^2$$

波分量 $\overline{H}_k$、$k=\overline{1,72}$ 对定常波 $\overline{\boldsymbol{H}}^*$ 的模方拟合率 $\overline{\rho}_k^*$、$\overline{H}_{\overline{1,k}}$ 对 $\overline{H}^*$ 的累积模方拟合率 $\overline{P}_k^*$

$$\overline{\rho}_k^* = \overline{s}_k/\overline{s}^*,\quad \overline{P}_k^* = \sum_{k'=1}^{k}\overline{\rho}_{k'}^* \tag{7}$$

用 $k=\overline{1,6}$ 的波分量构造的近似定常波 $\hat{\overline{H}}_{\overline{1,6}}^*$

$$\hat{\overline{H}}_i^* = \sum_{k=1}^{6}\{a_k\cos ki\Delta\lambda + b_k\sin ki\Delta\lambda\},\quad i=\overline{0,143} \tag{8}$$

它对 $\overline{H}^*$ 的累积模方拟合率为 $\overline{P}_6^*$。

表1　1958~1997年1、7月40°N $\overline{H}$ 的谐波分析结果（$\overline{s}^*$ =　　　gpm²，a_0 =　　　gpm）

月份	k	a_k/gpm	b_k/gpm	c_k/gpm	Λ_k/(°)	λ_k/(°)	$\overline{s}_k$/gpm²	$\overline{\rho}_k^*$/%	$\overline{P}_k^*$/%
1月	1								
	2								
	3								
	4								
	5								
	6								

续表

月份 k		参数						
		a_k /gpm	b_k /gpm	c_k /gpm	Λ_k /(°)	λ_k /(°)	$\overline{s}_k$ /gpm^2	$\overrightarrow{\rho}_k^*$ /%	$\overrightarrow{P}_k^*$ /%
7月	1								
	2								
	3								
	4								
	5								
	6								

实习三　4月、10月平均经圈环流质量流函数计算及分析

一、目的

通过实际计算，掌握质量流函数$[\overline{\psi}]$计算方法，加深认识平均经圈环流的季节变化规律。

二、要求

1. 计算4月、10月平均经圈环流质量流函数$[\overline{\psi}]$(资料、方法见“提示”)。

2. 制作4月、10月平均经圈环流质量流函数$[\overline{\psi}]$图(图1a、图1b)。

写一个简短报告(图1组，文400字以内)，内容包括：①4月、10月Hadley环流的特征，包括位置及强度；②与1月、7月$[\overline{\psi}]$图(书中图2.9)比较，说明Hadley环流季节变化的特点及原因。

三、提示

1. 资料说明：NCEP/NCAR资料，取月平均经向风(v，在实习课上给出数据文件v404.grd(4月)、v410.grd(10月))，覆盖时段：1958 ~1997年共40年、80个月；垂直分层：1000、925、850、700、600、500、400、300、250、200、150、100、70、50、30、20、10hPa共17层，网格距$\Delta\lambda\times\Delta\varphi=2.5°\times2.5°$。

从中求得4月、10月子午面上v的纬圈平均气候场资料(40年的平均)，其中某月资料可记为

$$v(i,j,k,t_y)、i=\overline{0,143}、j=\overline{0,72}、k=\overline{1,17}、t_y=\overline{1,40} \tag{1}$$

$$[\overline{v}](j,k)=\sum_{t_y}^{40}\sum_{i=0}^{143}v(i,j,k,t_y)/40/144、j=\overline{1,73}、k=\overline{1,17} \tag{2}$$

2. 在子午面上建立如图1所示的格点网。横轴为纬度，格点序数j与纬度φ_j的关系为$\varphi_j=(j-37)\times2.5°$，$j$=1、73分别对应南、北极点，$j=37$为赤道；纵轴为气压高度，层序数$k$与等压面的对应如图1所示，$k$=0、18分别为海平面(1013.25hPa)、大气顶(0hPa)，$k=\overline{1,17}$同NCEP/NCAR资料垂直分层。表1给出层际压差$\Delta p(k,k+1)=p(k)-p(k+1)$。计算不考虑地形。

表 1　层际压差 $\Delta p(k,k+1)$　　（单位：hPa）

k	0	1	2	3	4	5	6	7	8	9	10	11	12	13	14	15	16	17
k+1	1	2	3	4	5	6	7	8	9	10	11	12	13	14	15	16	17	18
$\Delta p(k,k+1)$	13.25	75	75	150	100	100	100	100	50	50	50	50	30	20	20	10	10	10

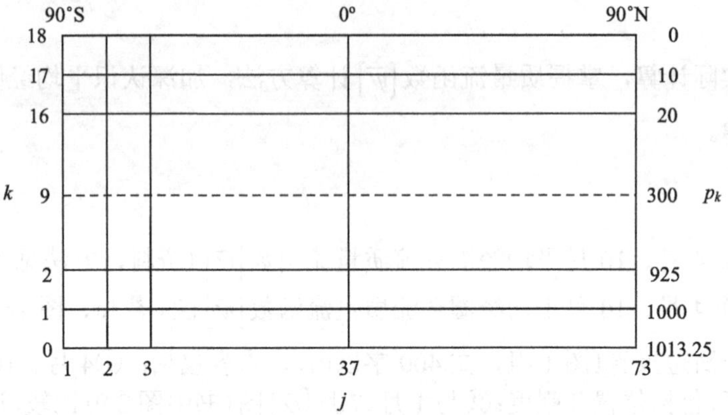

图 1　计算 ψ 使用的子午面上格点网

j 为经向格点序，k 为层序，p_k 为 k 层气压

3. 气候质量流函数 $\overline{\psi}$ 的简捷算法(王盘兴，1994)：将求 $\overline{\psi}$ 的积分公式((2.11)式)离散化为两个公式：

向上积分为

$$\overline{\psi}(j,k)\uparrow=\overline{\psi}(j,k-1)\uparrow-\frac{2\pi a\cos\varphi_j}{g}\frac{\{[\overline{v}(j,k-1)]+[\overline{v}(j,k)]\}}{2}\Delta p(k-1,k) \tag{3}$$

向下积分为

$$\overline{\psi}(j,k)\downarrow=\overline{\psi}(j,k+1)\downarrow+\frac{2\pi a\cos\varphi_j}{g}\frac{\{[\overline{v}(j,k+1)]+[\overline{v}(j,k)]\}}{2}\Delta p(k,k+1) \tag{4}$$

注意：米、千克、秒制中(3)式、(4)式中 Δp 的单位是 Pa，$1\text{hPa}=10^2\text{Pa}$。

按下列三步求 $\overline{\psi}$：

(1) 设 $\overline{\psi}(j,0)\uparrow=0$、$j=\overline{2,72}$，用(2)式求得 $\overline{\psi}(j,k)\uparrow$、$j=\overline{2,72}$、$k=\overline{2,18}$；设 $\overline{\psi}(j,18)\downarrow=0$、$j=\overline{2,72}$，用(3)式求得 $\overline{\psi}(j,k)\downarrow$、$j=\overline{2,72}$、$k=\overline{17,0}$。

(2) 构造权重函数 $W(k)\uparrow=p(k)/p(0)$、$W(k)\downarrow=\{p(0)-p(k)\}/p(0)$、$k=\overline{0,18}$，按

$$\bar{\psi}(j,k)=W(k)\uparrow\bar{\psi}(j,k)\uparrow+W(k)\downarrow\bar{\psi}(j,k)\downarrow \tag{5}$$

求得图 1 中极点外所有格点（$j=\overline{2,72}$、$k=\overline{0,18}$）上的值。

(3)按质量守恒定律，北、南极点(j=1，73)的全部$\bar{\psi}$值均为 0

$$\bar{\psi}(j,k)=0,\ j=1,73,\ k=\overline{0,18} \tag{6}$$

实习四　三种再分析资料中北半球 1 月 500hPa 气候高度场及定常波分析

一、目的

通过实际计算，掌握 Lorenz 环流分解方法，了解 500hPa 高度场气候平均 $\overline{H}_{500}$ 及定常波 $\overline{H}^*_{500}$ 的空间分布特征。

二、要求

1. 利用 NCEP/NCAR、JRA55 和 ERA5 三种再分析资料，分别计算出北半球 1 月气候高度场 $\overline{H}_{500}$（图 1，三个子图均用极射赤面投影表示）。

2. 计算三种资料各自的北半球 1 月定常波场 $\overline{H}^*_{500}(\lambda,\varphi)$、$\lambda \in [0°,360°)$、$\varphi \in [0°,90°\mathrm{N}]$（图 2，三个子图均用极射赤面投影表示）。

写一个简短报告（图 2 幅，文 200 字以内），主要内容包括：①用图 1 分析三种再分析资料中 $\overline{H}_{500}$ 的相似之处，这些相似之处与什么环流系统相对应。②根据图 2，分析北半球 $\overline{H}^*_{500}$ 强度的水平分布特征。

三、提示

三种再分析资料均为 NetCDF 格式的月平均资料。时间段均为 1979～2019 年，但其水平分辨率有差异，具体信息可在 NetCDF 资料中查询得到。

实习五　北半球1、7月300hPa瞬变波通量分量$\overline{u'v'}$的计算和分析

一、目的

通过实际计算，掌握Lorenz环流分解方法，了解瞬变波的计算方法和其在北半球冬季的空间分布特征。

二、要求

1. 利用1979～2019年NCEP/NCAR的1日4次再分析资料，分别计算出北半球1、7月的1日4次瞬变波场$u'_{300}(\lambda,\varphi,t)$、$v'_{300}(\lambda,\varphi,t)$，$\lambda\in[0°,360°)$、$\varphi\in[0°,90°\text{N}]$，$t$为各年中的1月和7月1日4次场序列长度，$t$=41年×31天×4时次/天=5084时次。

2. 计算北半球1月和7月瞬变波通量分量$\overline{u'v'}$(图1，2个子图均用极射赤面投影表示)。

写一个简短报告(图1幅，文200字以内)，主要内容包括：用图1分析瞬变波通量分量的水平分布和季节变换特征。

三、提示

1. 再分析资料为NetCDF格式的1日4次(逐6小时)资料。时间段均为1979～2019年，水平分辨率为2.5°×2.5°，其余具体信息可在NetCDF资料中查询得到。

2. 虽然最终的瞬变波通量分量$\overline{u'v'}$只有一个时次，即气候平均的1月或7月，但在其计算过程中用到的是1日4次资料。需要先计算出u和v在每个月中的月平均值(时间序列长度为41年×1月×1时次/月=41时次)，进而算出其时间距平项u'和v'(时间序列长度为41年×31天×4时次/d=5084时次)。算出u'和v'的乘积项后再进行月平均(时间序列长度为41年×1月×1时次/月=41时次)及气候平均(时间序列长度为1时次)。

复习思考题

第1章

1. 大气环流的概念是什么？其空间尺度及时间尺度分别是多少？

2. 大气环流有哪些研究方法？

3. 洛伦茨将20世纪70年代中期前的大气环流学发展分为哪四个阶段？最近30多年来又有哪些新的发展？举例说明观测事实对大气环流学发展的重要性。

第2章

1. 控制大气环流状态的基本因子有哪些？为什么说大气成分也应属于基本因子(举例论证)？

2. 描述大气环流的压、温、风场间存在哪些强相互联系？它们对于掌握基本观测事实有何意义？

3. 给出 Lorenz 环流分解式右端(2.5a)式、(2.5b)式、(2.5c)式、(2.8)式各项的名称和意义。利用表1资料(它们是虚构的)计算出四个式子左、右端所有项的值，据此分析热量输送方向及各分量贡献。

表1　经向风速 v(向北为正，m/s)、气温 T(℃)资料

要素		v				T			
λ		0°	90°	180°	270°	0°	90°	180°	270°
t	1	6	−2	4	−4	−6	−10	−4	−8
	2	6	2	4	0	−4	−6	−2	−4

4. 试分析子午面(φ - p 面)上$[\overline{u}]$、$[\overline{T}]$图的分布特征，指出其季节变化及半球间差异，如$[\overline{u}]$图中系统的位置、强度、性质的变化；$[\overline{T}]$图中冷暖中心、随纬度和高度的变化等，进而给出南半球是冷半球的证据。据基本控制因子指出$[\overline{u}]$、$[\overline{T}]$基本观测事实的物理成因。据热成风原理，分析$[\overline{u}]$图上西风急流与$[\overline{T}]$图上$\partial[\overline{T}]/\partial\varphi$间的关系。

5. 平均经圈环流指什么？有哪几种表示方法?平均经圈环流质量流函数ψ的确切意义是什么？实际大气的平均经圈环流有哪几个环流圈组成？其中哪些是热

力环流圈？试分析其季节变化和半球际差异。

6. 概括总结海平面至中平流层顶(10hPa)气压场形势随高度、季节变化的一般规律及半球际差异，并概述其主要原因。

7. 根据海平面气压场、风场的气候图，列出北半球冬、夏季大气活动中心的名称及所在位置。海平面气压场定常波（$\overline{P}_0^*$）与气温场定常波（$\overline{T}_0^*$）地理分布间有无简单规律？它们明显季节变化和半球际差异的根源在哪里？

8. 北半球 500hPa 位势高度场高、中、低纬分别有哪些主要系统？冬、夏季它们的位置、强度有何差异？由冬入夏中纬定常波有何变化？季节差异、变化的原因是什么？

9. 平流层大气环流季节变化存在重大差异的层次在哪里？试解释其原因。

10. 已知太阳常数为 1.96cal/(cm^2·min)，按地气系统辐射平衡图 2.22 提供的数据，计算地面每平方米地气系统介质平均每小时吸收的太阳短波辐射能使 10kg 水增温的度数，给出计算过程。

11. 两张地气系统辐射平衡、热量交换图(图 2.22、图 2.23)的本质差异是什么？温室效应的宏观效果是什么？地气系统辐射差额随纬度分布的两个主要特征是什么？它对大气环流的形成有何意义？

第 3 章

1. 角动量的表达式是什么？

2. 为什么采用角动量平衡研究$[\overline{u}]$的维持机制？结合图 3.2，说明极冠区大气角动量平衡方程（$m+P+F=0$）本身及左端各项的物理意义。

3. 大气西风角动量源、汇在哪里?试阐明大气西风角动量从源到汇的输送过程，并汇出示意图。

4. 解释角动量输送垂直积分式$\overline{m}_y(\varphi)=\dfrac{2\pi a^2\cos^2\varphi}{g}\int_0^{p_0}\left\{[\overline{u}][\overline{v}]+[\overline{u}^*\overline{v}^*]+[\overline{u'v'}]\right\}\mathrm{d}p$中$\overline{m}_y(\varphi)$和右端三项的意义。概要给出图 3.8 和图 3.9 的特征。由诊断图 3.10，北半球最强输送、最大输送辐合在什么纬度？最大输送是右端哪一项完成？

5. 气候图、瞬时图上，热带对流层中$[\overline{u}]$的 0 线为何向上向赤道倾斜？它与东、西风带维持有何关系？哪些环流系统与$[\overline{u}]$图上西风带及急流的维持有密切关系？这些环流系统在结构上有哪些与此有关的特征？

6. 大气中的大型涡旋与湍涡在物理量输送中有何本质差异？“负黏性”的确切含义是什么？

7. 设在φ=30°N 处，空气块相对地面静止。当该气块不受力矩作用移动至赤道时，该空气块相对地面的纬向运动速度为多少？请进一步阐明该纬向速度在实际大气中能否出现，为什么？（已知地球半径 r 约为 6300km，地球自转角速度约为 7.3×10^{-5}rad/s）

第 4 章

1. 全球大气平均年降水量、年蒸发量、水汽含量的估计值是多少？蒸发量、降水量随纬度分布曲线的峰（谷）在何处？大气在何纬带净得（源）、净失（汇）水分？

2. 试阐述极冠区近似热量平衡方程（式 4.6）各项的物理意义。

3. 试阐述纬向平均感热$[\overline{T}]$平衡方程（式 4.8）右端各项的物理意义。

4. 天气图上中纬哪些移动性系统能向高纬输送感热？试举高空、地面各一例，画图说明之。

第 5 章

1. 根据（5.2）式，解释单位质量大气动能个别变化方程右端三项各项的物理含义。

2. 根据全球大气总动能变化方程如下三种形式（$\iiint \mathrm{d}\tau$ 为对全球大气积分），联系大气环流实际过程，阐述动能产生、消耗机制。

$$\frac{\partial}{\partial t}\iiint K\mathrm{d}\tau = -\frac{\partial}{\partial t}\iiint \rho gz\mathrm{d}\tau + \iiint p\nabla\cdot\vec{V}\mathrm{d}\tau + \iiint \delta\mathrm{d}\tau$$

$$\frac{\partial}{\partial t}\iiint K\mathrm{d}\tau = \frac{C_p}{C_v}\iiint p\nabla\cdot\vec{V}\mathrm{d}\tau + \iiint \delta\mathrm{d}\tau$$

$$\frac{\partial}{\partial t}\iiint K\mathrm{d}\tau = -\frac{C_p}{C_v}\iiint RT\frac{\mathrm{d}\rho}{\mathrm{d}t}d\tau + \iiint \delta\mathrm{d}\tau$$

3. 大气热机效率 η 的定义是什么？给出其估算过程和结果。

4. 大气运动特征速度 V 的定义是什么？给出其估算过程和结果。

5. 根据 Oort 和 PiexÓto（1983）给出的大气能量循环图（图 5.2(b)，图 5.3），指出实际大气能量循环三个环节（G、C、D）及能量的四种形式（A_z、A_e、K_z、K_e）间的转换方向。

第 6 章

1. 大气环流数值模拟方法的理论根据和基本工具是什么？

2. 什么叫控制性试验和敏感性试验？它们各自的目的和相互关系是什么？